Ուսուցում

# Eureka Math®
## 1-ին դասարան
## Մոդուլ 1

Great Minds PBC is the creator of Eureka Math®,
Wit & Wisdom®, Alexandria PlanTM, and PhD ScienceTM.

Published by Great Minds PBC. greatminds.org

Copyright © 2020 Great Minds PBC. All rights reserved. No part of this work may be reproduced or used in any form or by any means—graphic, electronic, or mechanical, including photocopying or information storage and retrieval systems—without written permission from the copyright holder.

ISBN 978-1-64929-157-8

1 2 3 4 5 6 7 8 9 10 XXX 25 24 23 22 21 20

Printed in the USA

# Ուսուցում ♦ Պրակտիկա ♦ Արդյունք

*«Eureka Math»-ի*® *«A Story of Units»*® *աշակերտական նյութերը* (K–5) հասանելի են *Ուսուցում, Պրակտիկա, Արդյունք* եռյակում: Այս շարքը ապահովում է նյութերի բազմազանությունը և փոփոխումը՝ միաժամանակ դրանք կանոնակարգված և մատչելի թողնելով: Ուսուցիչները կբացահայտեն, որ *«Ուսուցում, Պրակտիկա և Արդյունք»* շարքը առաջարկում է նաև համապարփակ և, հետևաբար, ավելի արդյունավետ եղանակ՝ անհատական մոտեցման ցուցաբերման, լրացուցիչ աշխատանքների և ամառային ուսուցման կազմակերպման համար:

## Ուսուցում

*«Eureka Math-ի Ուսուցում»* բաժինը ծառայում է որպես աշակերտի սովորելու ուղեցույց, որը բացահայտում է նրա մտածողությունը, գիտելիքները և ամեն օր զարգացնում դրանք: *«Ուսուցում» բաժնում* ներառված ամենօրյա դասարանային աշխատանքները՝ գործնական խնդիրները, գնահատման տոմսակները, խնդիրները, ձևանմուշները, ներկայացված են դյուրահաս ձևով և ծավալով:

## Գործնական աշխատանք

Յուրաքանչյուր «*Eureka Math»-ի դաս* սկսվում է մի շարք ակտիվ, իմացության ստուգման ուրախ վարժություններով՝ այդ թվում *«Eureka Math Պրակտիկա» բաժնում ներառված:* Այն աշակերտները, ովքեր ավելի շատ գիտելիքներ ունեն մաթեմատիկայից, կարող են ավելի շատ նյութ յուրացնել առավել խորությամբ: «Փործ» բաժնում աշակերտները զարգացնում են նոր ձեռք բերված գիտելիքի կիրառման հմտությունները և ամրապնդում են նախորդ դասը՝ նախապատրաստվելով հաջորդին:

«Ուսուցում» և *«Պրակտիկա»* բաժինները միասին աշակերտներին տրամադրում են տպագիր բոլոր նյութերը, որոնք նրանք կօգտագործեն մաթեմատիկայի հիմնական դասընթացի համար:

## Արդյունք

*«Eureka Math-ի Արդյունք» բաժինը աշակերտներին* հնարավորություն է տալիս ինքնուրույն վարպետանալ: Լրացուցիչ խնդիրները համահունչ են դասի նյութին և հարմար են որպես տնային կամ լրացուցիչ աշխատանք հանձնարարելու համար: Խնդիրներն ուղեկցվում են «Տնային աշխատանքի օգնականով», որն իրենից ներկայացնում է խնդիրների լուծման օրինակներ՝ ցույց տալով, թե ինչպես պետք է լուծել նմանատիպ խնդիրները:

Ուսուցիչներն ու դասավանդողները կարող են օգտագործել նախորդ մակարդակների *«Արդյունք» բաժնի* դասագիրքը՝ որպես ուսուցման ծրագրի մաս՝ հիմնարար գիտելիքների բացը լրացնելու համար: Աշակերտներն ավելի արագ կընկալեն ու կյուրացնեն, քանի որ ծանոթ նյութի կրկնությունը դյուրացնում է ընթացիկ մակարդակի բովանդակության կապի ստեղծումը նախորդի հետ:

EUREKA MATH®

# Աշակերտներ, ընտանիքի անդամներ և դասավանդողներ,

Շնորհակալություն *Eureka Math* ®թիմի անդամ դառնալու համար. այստեղ մենք վայելում ենք մաթեմատիկայի պարգևած ուրախությունը, բերկրանքը և սուր զգացմունքները:

Eureka Math-ի *դասին նոր* նյութը յուրացվում է մեծ քանակությամբ գործնական աշխատանքների և մտքերի փոխանակման արդյունքում: *«Ուսուցում»* գիրքը յուրաքանչյուր աշակերտի առաջարկում է հուշումներ և խնդիրների լուծման քայլեր, որոնք անհրաժեշտ են դասարանում իր սովորածը արտահայտելու և ամրապնդելու համար:

## *Ի՞նչ է իրենից ներկայացնում «Ուսուցում» դասագիրքը:*

**Գործնական խնդիրներ՝ Իրական կյանքում.** խնդիրների լուծումը *«Eureka Math»-ի առաքելության անքակտելի մասն է:* Աշակերտները վստահություն և հաստատակամություն են ձեռք բերում, երբ իրենց գիտելիքները կիրառում են նոր և տարաբնույթ իրավիճակներում: Ուսումնական ծրագիրը խրախուսում է աշակերտներին կիրառել ԿՆԳ եղանակը.Կարդալ խնդիրը, Նկարել՝ խնդիրը հասկանալու համար, և Գրել հավասարումն ու լուծումը: Ուսուցիչները խրախուսում են, որպեսզի աշակերտները ցույց տան իրենց աշխատանքը և մեկը մյուսին բացատրեն, թե լուծման ինչ ռազմավարություն են ընտրել:

**Խնդիրներ.** Ճիշտ հաջորդականությամբ ընտրված խնդիրները հնարավորություն են տալիս դասարանում ինքնուրույն աշխատել՝ անցում կատարելով մյուս խնդիրներին: Ուսուցիչները կարող են Նախապատրաստման և Տրամադրման աշխատանքներ տանեն՝ յուրաքանչյուր աշակերտի համար ընտրելով «անհրաժեշտ» խնդիրը: Որոշ աշակերտներ ավելի շատ խնդիրներ են լուծում, քան մյուսները. կարևորն այն է, որ բոլոր աշակերտներն ունենան 10 րոպե ժամանակ՝ իրենց սովորածը ուսուցչին անմիջապես ցույց տալու համար՝ նրա կողմից ստանալով թեթև օգնություն:

Դասի կուլմինացիոն պահը աշակերտների խնդիրների լուծումների պատասխաններն են՝ հարցուպատասխանը: Այստեղ աշակերտները մտածում են իրենց հասակակիցների և ուսուցչի հետ՝ ձևակերպելով և ամրապնդելով այն, ինչ նրանց հետաքրքրել է, նկատել են և սովորել են օրվա ընթացքում:

**Գնահատման տոմսակներ.** Աշակերտներն ուսուցչին ցույց են տալիս իրենց գիտելիքները ամենօրյա Գնահատման տոմսակներում կատարված աշխատանքի միջոցով: Գիտելիքի այս ստուգումը ուսուցչին կարևոր տեղեկություն է հաղորդում տվյալ օրվա ուսուցման արդյունավետության վերաբերյալ՝ ցույց տալով նրան, թե ինչի վրա պետք է ուշադրություն դարձնի հաջորդ անգամ:

**Ձևանմուշներ.** Ժամանակ առ ժամանակ Գործնական խնդիրը, Խնդիրները կամ դասարանային այլ աշխատանք պահանջում են, որպեսզի աշակերտներն ունենան իրենց նկարների օրինակը, բազմակի օգտագործման մոդելը կամ տվյալները: Այս ձևանմուշները տրամադրվում են առաջին դասին, եթե պահանջվում է:

## *Որտե՞ղ կարող եմ ավելի շատ տեղեկություններ ստանալ* «Eureka Math»-ի *նյութերի վերաբերյալ:*

Great Minds® թիմը ձգտում է աջակցել աշակերտներին, ընտանիքի անդամներին և դասավանդողներին մշտապես հարստացվող նյութերի շտեմարանով, որը հասանելի է՝ eureka-math.org կայքում: *Վեբկայքում զետեղված են նաև Eureka Math-ի խմբի ոգեշնչող հաջողության պատմություններ: Կիսվեք ձեր տպավորություններով և ձեռքբերումներով այլ օգտատերերի հետ՝ դառնալով Eureka Math-ի չեմպիոն:*

Լավագույն մաղթանքները ուսումնական տարվա կապակցությամբ, որը հուսով ենք հարուստ կլինի «Էվրիկայի պահերով»:

Ջիլ Դինիզ
Մաթեմատիկայի բաժնի տնօրեն
Great Minds

# Կարդալ–Նկարել–Գրել եղանակ

The *Eureka Math* ուսումնական ծրագիրը օգնում է աշակերտներին խնդիրների լուծման գործընթացում՝ առաջարկելով նրանց պարզ, կրկնվող եղանակ, որը կսովորեցնի ուսուցիչը: Կարդալ–Նկարել–Գրել (ԿՆԳ) եղանակը կոչ է անում աշակերտներին՝

1. Կարդալ խնդիրը:
2. Նկարել և նշումներ անել:
3. Գրել հավասարում:
4. Գրել բառերով նախադասություն (արտահայտություն):

Ուսուցիչներին առաջարկվում է անցկացնել գործընթացը՝ դրան միջամտելով այսպիսի հարցադրումներով՝

- Ի՞նչ եք տեսնում:
- Կարո՞ղ ես մի բան նկարել:
- Ի՞նչ եզրակացություններ կարող ես անել քո նկարից:

Ինչքան շատ աշակերտները մասնակցեն այս համակարգված, բաց մտածելակերպով խնդիրների տրամաբանական լուծմանը, այնքան ավելի լավ կյուրացնեն մտածելու գործընթացն և այն բնազդաբար կկիրառեն հետագայում:

# Բովանդակություն

## Մոդուլ 1. Գումարներ և տարբերություններ մինչև 10-ը

### Թեմա A. Զետեղված թվեր և բաժանումներ

Դաս 1 . . . 1
Դաս 2 . . . 9
Դաս 3 . . . 15

### Թեմա B: Շարունակել հաշվել զետեղված թվերից

Դաս 4 . . . 23
Դաս 5 . . . 31
Դաս 6 . . . 39
Դաս 7 . . . 51
Դաս 8 . . . 61

### Թեմա C: Գումարման բառային խնդիրներ

Դաս 9 . . . 67
Դաս 10 . . . 75
Դաս 11 . . . 81
Դաս 12 . . . 87
Դաս 13 . . . 93

### Թեմա D: Առաջ հաշվելու ռազմավարություններ

Դաս 14 . . . 99
Դաս 15 . . . 105
Դաս 16 . . . 111

### Թեմա E: Գումարման և հավասարման նշանի կումուլատիվ հատկանիշը

Դաս 17 . . . 117
Դաս 18 . . . 123
Դաս 19 . . . 129
Դաս 20 . . . 135

**Թեմա F: Գումարման գործողությունների մեջ վարժեցում մինչև 10-ը**

Դաս 21 .................................................................................................. 141

Դաս 22 .................................................................................................. 149

Դաս 23 .................................................................................................. 155

Դաս 24 .................................................................................................. 163

**Թեմա G: Հանումը որպես անհայտ գումարելիի խնդիր**

Դաս 25 .................................................................................................. 169

Դաս 26 .................................................................................................. 177

Դաս 27 .................................................................................................. 185

**Թեմա H: Հանման բառային խնդիրներ**

Դաս 28 .................................................................................................. 191

Դաս 29 .................................................................................................. 197

Դաս 30 .................................................................................................. 203

Դաս 31 .................................................................................................. 209

Դաս 32 .................................................................................................. 215

**Թեմա I: Բաժանման ռազմավարությունները բաժանման գործողությունների համար**

Դաս 33 .................................................................................................. 221

Դաս 34 .................................................................................................. 227

Դաս 35 .................................................................................................. 233

Դաս 36 .................................................................................................. 239

Դաս 37 .................................................................................................. 245

**Թեմա J: Հանման հմտությունների զարգացում մինչև 10-ը**

Դաս 38 .................................................................................................. 251

Դաս 39 .................................................................................................. 261

ՄԻԱՎՈՐՆԵՐԻ ՊԱՏՄՈՒԹՅՈՒՆ | Դաս 1 Գործնական խնդիր | 1•1

## Կարդացե՛ք

Դորան գտավ 5 տերև, որոնք ներս լցվեցին պատուհանից։ Հետո նա գտավ ևս 2 տերև, որոնք ներս լցվեցին։ Նկար նկարե՛ք և օգտագործե՛ք թվեր՝ ցույց տալու համար, թե ընդամենը քանի՞ տերև գտավ Դորան։

## Նկարե՛ք

## Գրե՛ք

2 Դաս 1. Վերլուծե՛ք և նկարագրե՛ք զետեղված թվերը (մինչև 10)՝ կիրառելով 5-ական խմբեր և թվային զույգեր:

Անուն ______________________________ Ամսաթիվ ______________

Շրջանակի մեջ վերցրե՛ք 5-ը. այնուհետև՝ զուգավորեք թվերը:

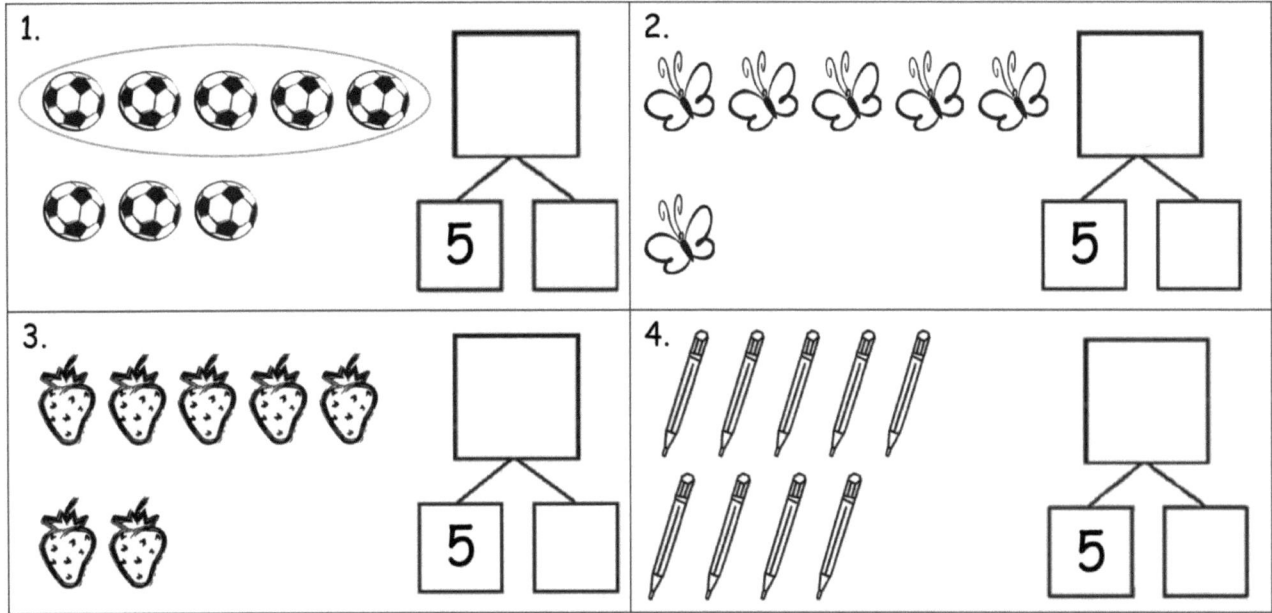

1.

2.

3.

4.

Մատների թանաք քսեք ձախից աջ կողմում ցույց տրված եղունգների քանակով: Այնուհետև՝ լրացրե՛ք բաժինները: Մեկ ձեռքի մատների թիվը մեկ բաժնում կիրառեք:

5.

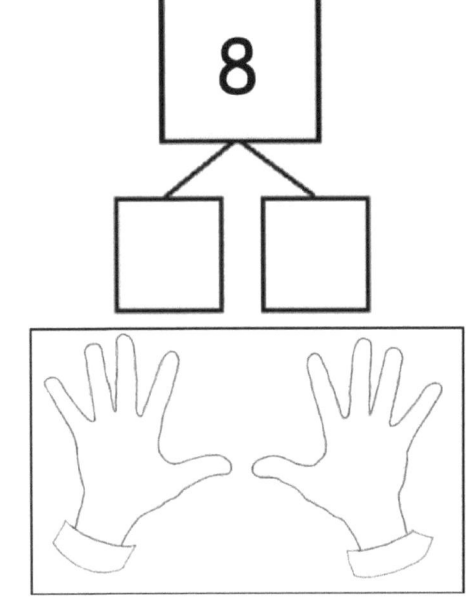

6.

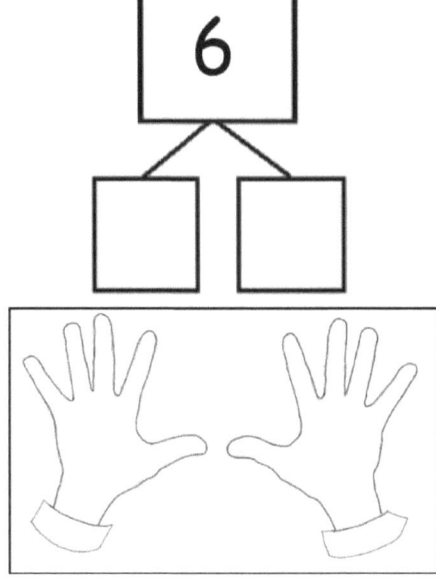

Զուգավորե՛ք թվերը, որի մի մասը 5-ն է։

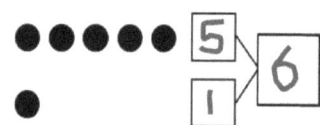

7.

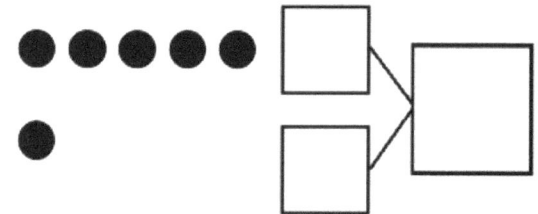

8.

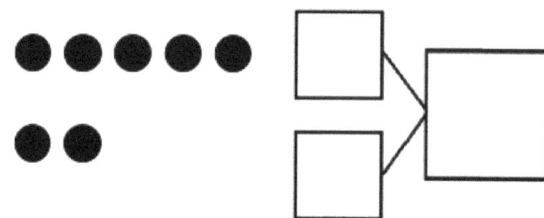

9.

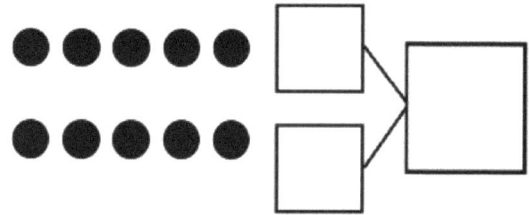

10.

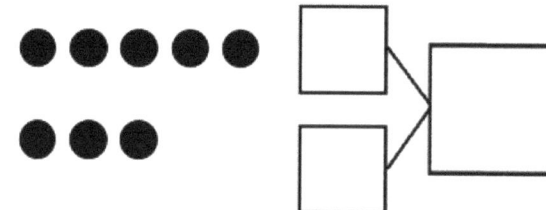

11.

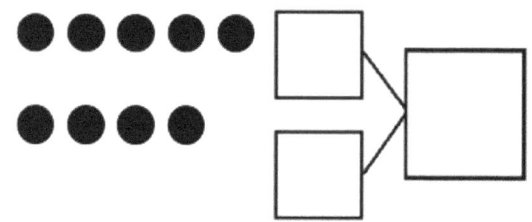

12.

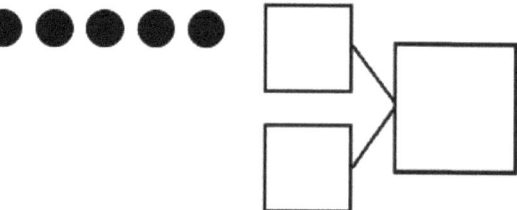

Անուն ______________________ Ամսաթիվ ____________

Զուգավորե՛ք նկարները, որի մի մասն է 5-ը:

1.

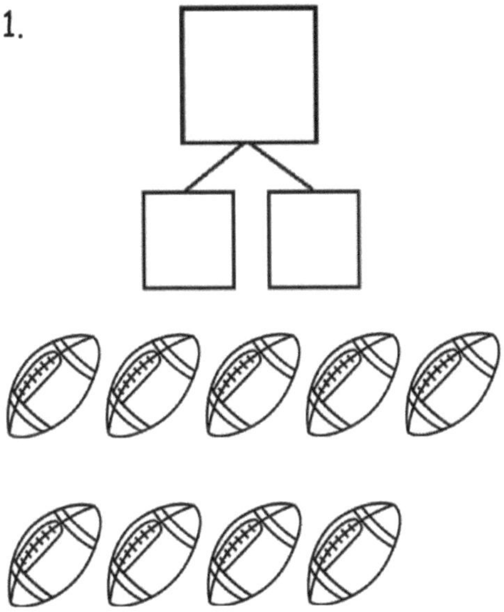

2.

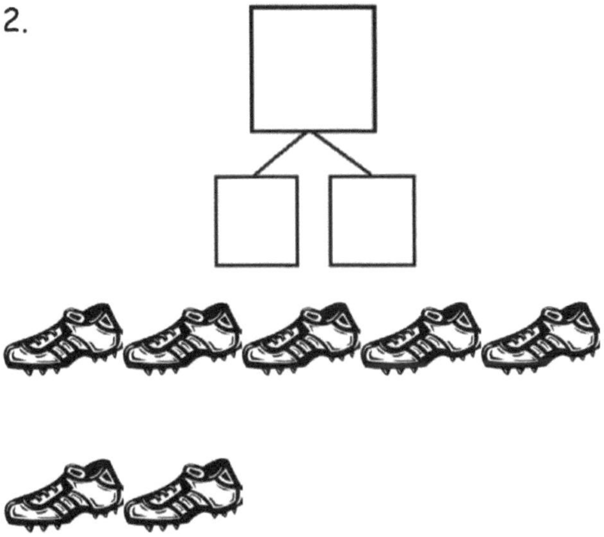

Դաս 1. Վերլուծե՛ք և նկարագրե՛ք զետեղված թվերը (մինչև 10)՝ կիրառելով 5-ական խմբեր և թվային զույգեր:

5

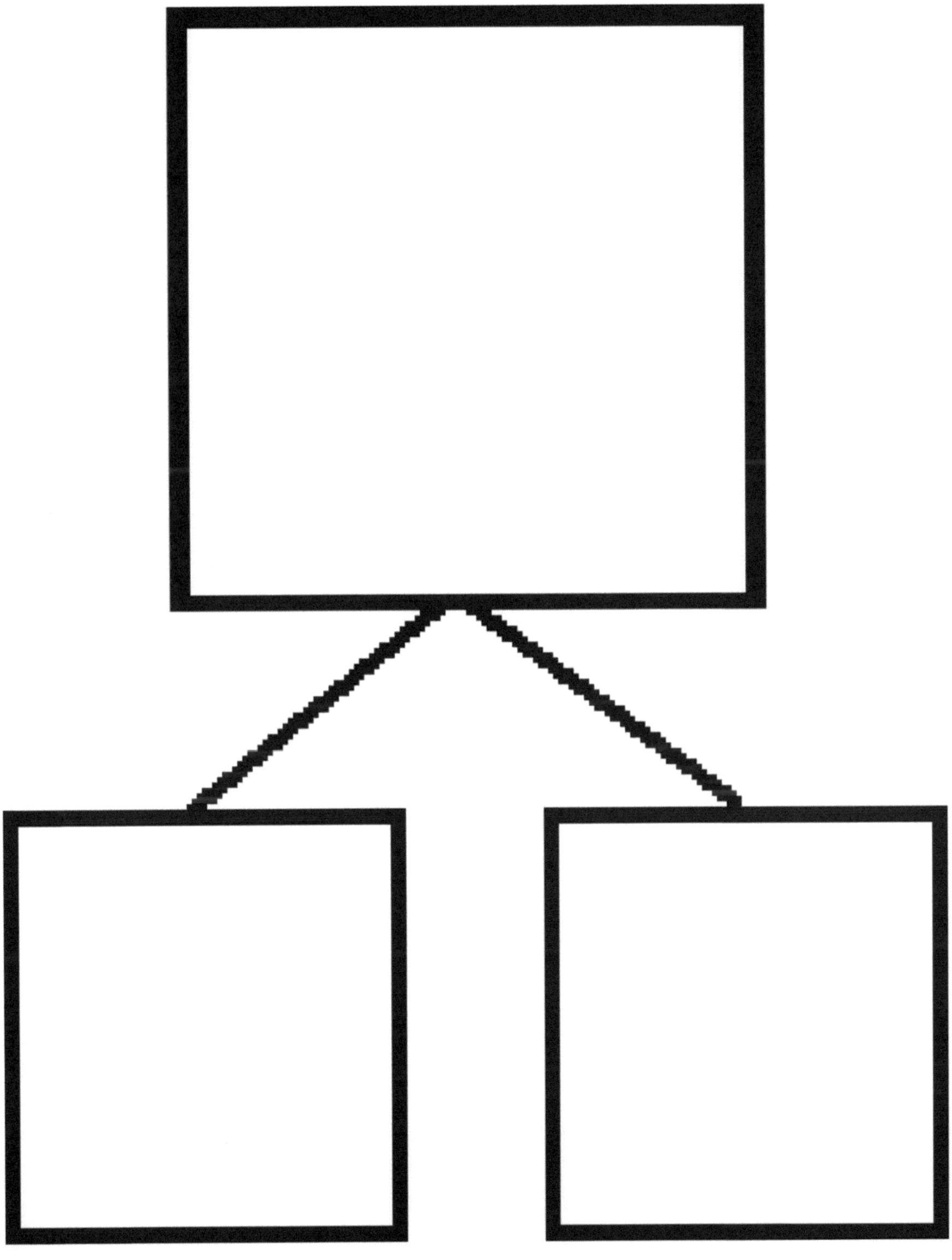

ԲԱԺԻՆՆԵՐԻ ՊԱՏՄՈՒԹՅՈՒՆ  Դաս 1 Ձեռանմուշ  1•1

_____

Դաս 1. Վերլուծե՛ք և նկարագրե՛ք ցետեղված թվերը (մինչև 10)՝ կիրառելով 5-ական խմբեր և թվային զույգեր։

7

## Կարդացե՛ք

Բելան թափեց մի քանի մատիտ գորգի վրա: Գենոն եկավ, որպեսզի օգնի նրան՝ հավաքել: Գենոն գտավ 5 մատիտ գրասեղանի տակ և Բելան գտավ 4-ը՝ դռան մոտ: Քանի՞ մատիտ նրանք գտան միասին:

Նկարե՛ք մաթեմատիկական նկար և գրե՛ք զույգի թիվը և թվային արտահայտությունը, որոնք նկարագրում են պատմությունը:

## Նկարե՛ք

## Գրե՛ք

Նրանք գտան ___ մատիտներ:

Անուն ______________________________ Ամսաթիվ ______________

Շրջանակի մեջ վերցրե՛ք 2 մասերը, որ տեսնում եք: Թվային զույգ կազմե՛ք` համապատասխանելու համար:

1. 

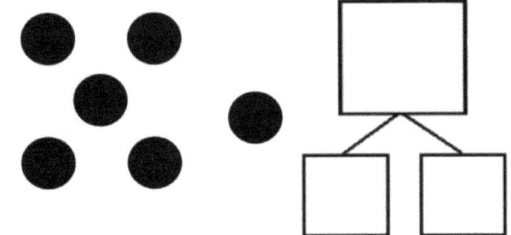

2. 

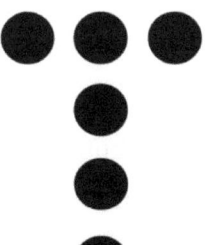

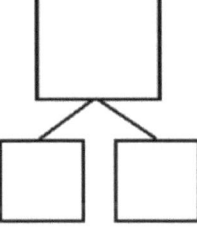

3. 

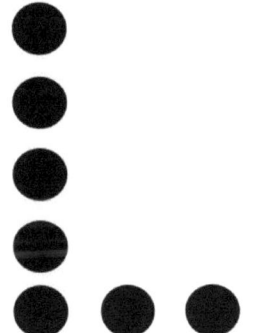

4. 

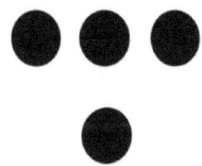

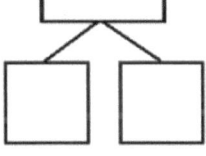

5. 

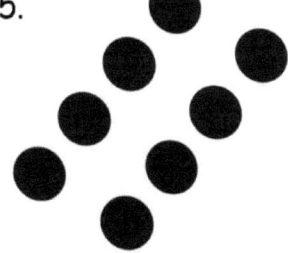

6.

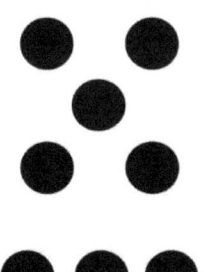

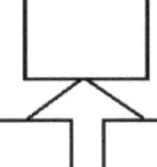

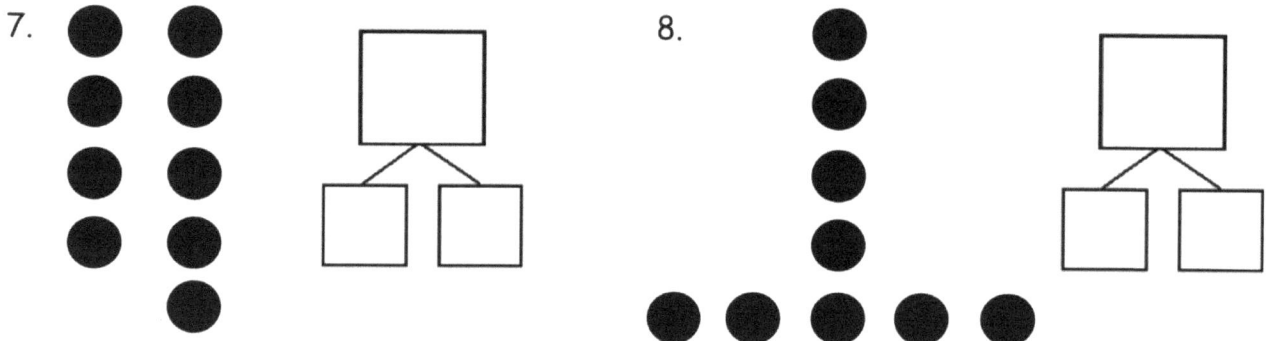

7.

8.

9. Քանի՞ կտոր միրգ եք տեսնում: Գրե՛ք առնվազն 2 տարբեր թվային զույգեր՝ ցույց տալու համար տարբեր ձևեր՝ ընդհանուրը բաժանելու համար:

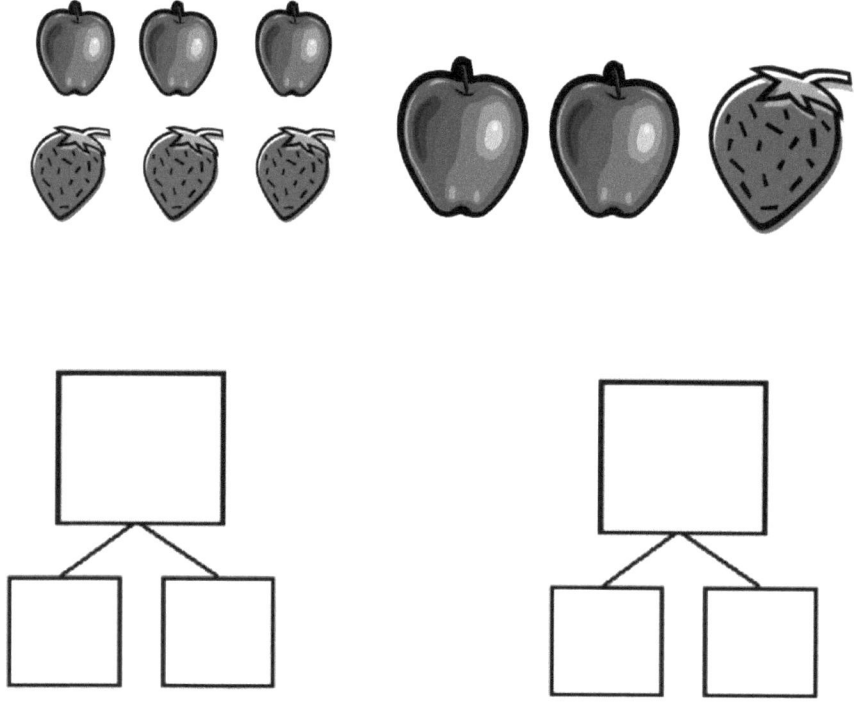

ՄԻԱՎՈՐՆԵՐԻ ՊԱՏՄՈՒԹՅՈՒՆ　　　　　　Դաս 2 Գնահատման թերթիկ　1•1

Անուն _____　Ամսաթիվ _____

Շրջանակի մեջ վերցրե՛ք 2 մասերը, որ տեսնում եք։ Թվային զույգ կազմե՛ք՝ համապատասխանելու համար։

1.

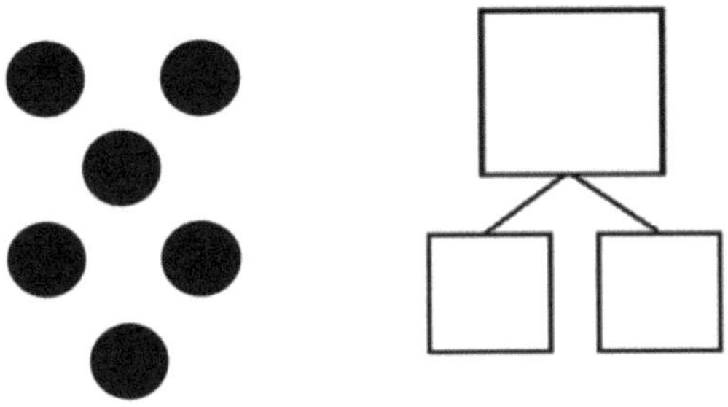

2.

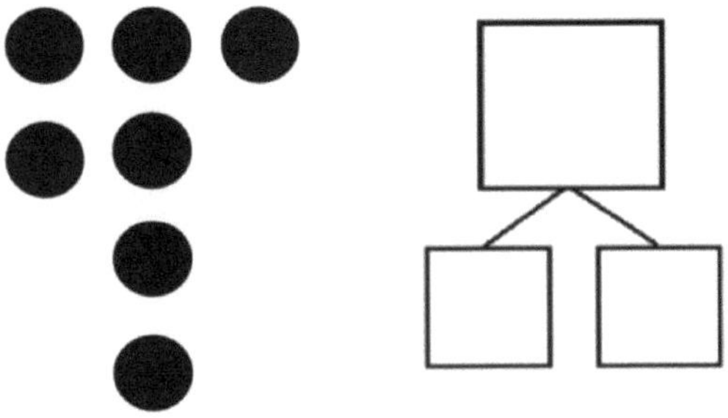

3.

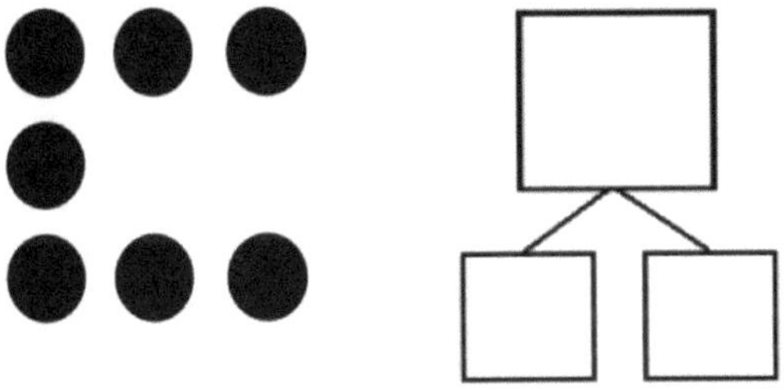

4.

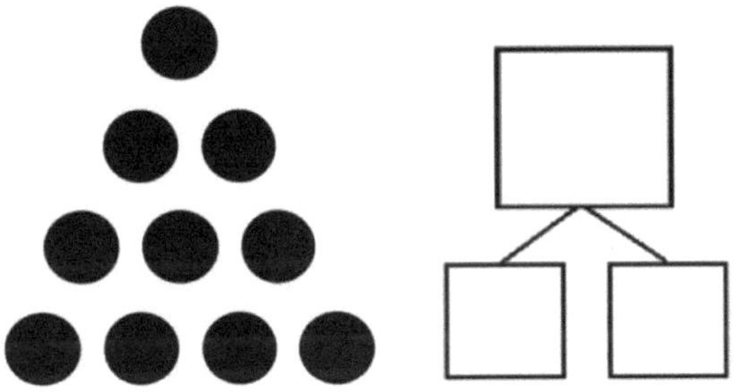

Դաս 2.　Պատճառաբանե՛ք գտնված թվերը տարբեր խմբավորումներն՝ օգտագործելով թվային զույգերը։

## Կարդացե՛ք

Ալեքսն ուներ 9 շարիկ իր ձեռքում։ Նա թաքցրեց ձեռքերը ետևում և դրեց մի քանիսը մի ձեռքում, իսկ մի քանիսը՝ մյուս։ Քանի՞ շարիկ կարող է լինել յուրաքանչյուր ձեռքում։

Օգտագործե՛ք նկարներ կամ թվեր, գծանկարելու համար թվային զույգը՝ ձեր միտքն արտահայտելու համար։

## Նկարե՛ք

## Գրե՛ք

16 Դաս 3. Տեսե՛ք և նկարագրե՛ք առարկաների թիվն՝ օգտագործելով *և ս 1-ը* 5 խմբային միավորումներումներում:

ՄԻԱՎՈՐՆԵՐԻ ՊԱՏՄՈՒԹՅՈՒՆ                                Դաս 3 Խնդիրներ    1•1

Անուն _____   Ամսաթիվ _____

Գծե՛ք ևս մեկը 5 խմբում: Վանդակում գրե՛ք թվերը՝ նկարագրելու համար նոր նկարը:

1.

   7-ից մեկով
   ավել հավասար է _____.
   
   7 + 1 = _____

2.

   9-ից մեկով
   ավել հավասար է: _____.
   
   9 + 1 = _____

3.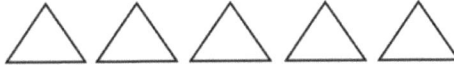

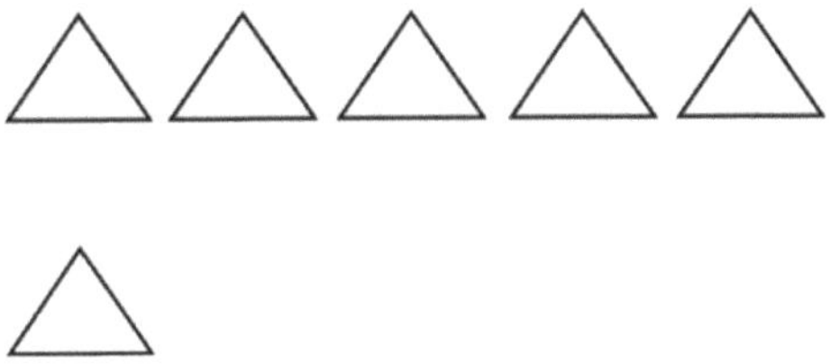

   6-ից մեկով
   ավել հավասար է _____.
   
   6 + 1 = _____

   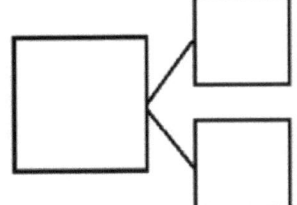

4.

   5-ից մեկով
   ավել հավասար է: _____.
   
   5 + 1 = _____

   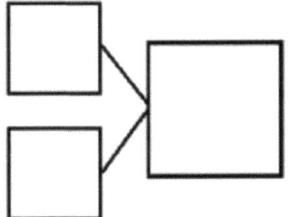

Դաս 3.   Տեսե՛ք և նկարագրե՛ք առարկաների թիվն՝ օգտագործելով ևս 1-ը
         5 խմբային միավորումներումներում:

ՄԻԱՎՈՐՆԵՐԻ ՊԱՏՄՈՒԹՅՈՒՆ  Դաս 3 Խնդիրներ  1•1

5.

8-ից մեկով
ավել, հավասար է _____ .

8 + 1 = _____

6.

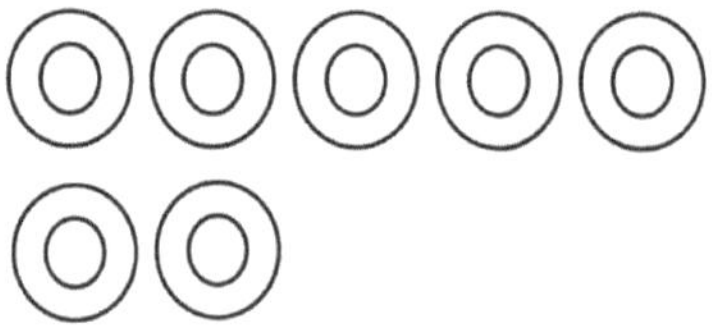

Հավասար է
_____ 7-ից 1-ով ավելի

_____ = 7 + 1

7. Q Q Q Q Q
Q

Հավասար է
_____ 6-ից 1-ով ավելի

_____ = 6 + 1

8.

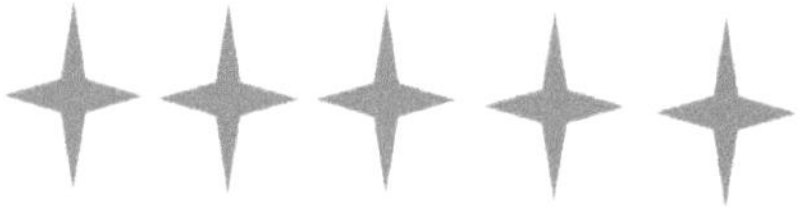

Հավասար է
_____ 5-ից 1-ով ավելի

_____ = 5 + 1

9. Պատկերացրեք, որ ավելացնում եք ևս 1 պայուսակ նկարին: Այնուհետև՝ գրեք թվերը՝ ցույց տալու համար, թե քանի պայուսակ կլինի:

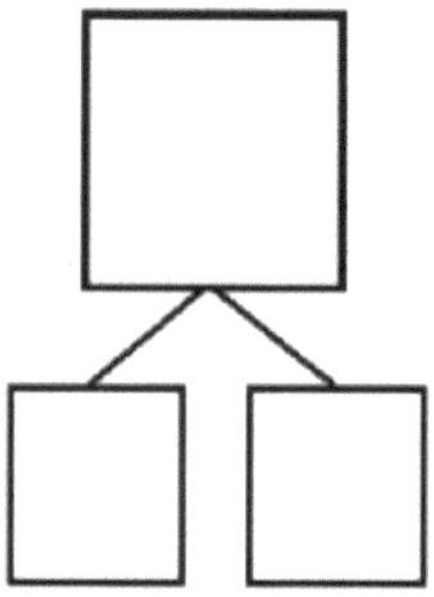

7-ից մեկով
ավել, հավասար է _____ .

_____ + 1 = _____

Դաս 3.  Տես՛ք և նկարագրե՛ք առարկաների թիվն՝ օգտագործելով ևս 1-ը
5 խմբային միավորումներումներում:

ՄԻԱՎՈՐՆԵՐԻ ՊԱՏՄՈՒԹՅՈՒՆ  Դաս 3 Գնահատման թերթիկ  1•1

Անուն _____   Ամսաթիվ _____

Քանի՞ առարկա եք տեսնում։ Գծե՛ք ևս մեկը։ Քանի՞ առարկա կա հիմա։

1. 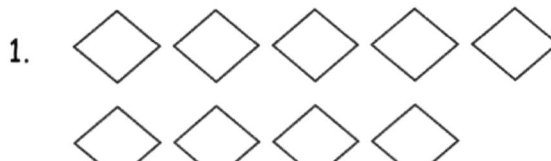   2.

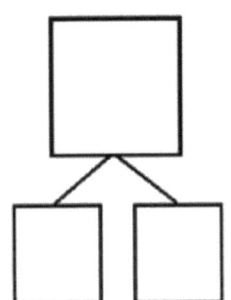

Հավասար է
_____ 9-ից 1-ով ավելի

$9 + 1 =$ _____

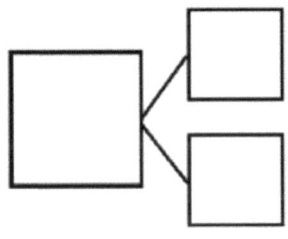

6-ից մեկով
ավել հավասար է _____ ։

_____ $+ 1 =$ _____

Դաս 3.  Տես՛ք և նկարագրե՛ք առարկաների թիվն՝ օգտագործելով ևս 1-ը
5 խմբային միավորումներումներում։

19

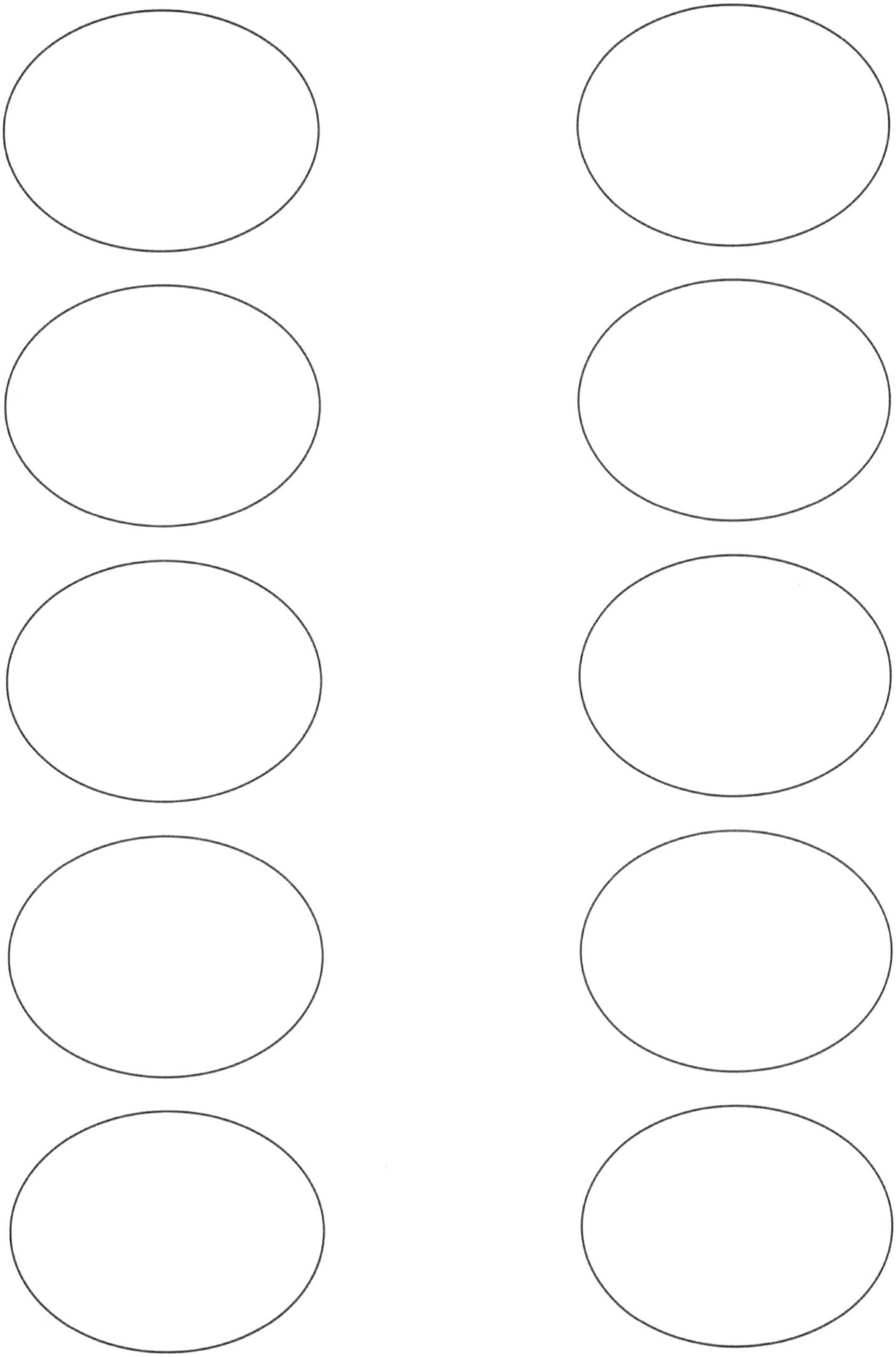

5-ական խմբավորված հարթակ

Դաս 3. Տեսե՛ք և նկարագրե՛ք առարկաների թիվը՝ օգտագործելով *և* *1-ը* 5 խմբային միավորումներումներում:

## Կարդացե՛ք

Մեր դասարանում կար 4 դդում: Երկուշաբթի օրը Մարթան բերեց ևս 1 դդում: Քանի՞ դդում ուներ մեր դասարանը երկուշաբթի օրը:

Երեքշաբթի օրը Բետոն բերեց ևս 1 դդում: Քանի՞ դդում ուներ մեր դասարանը երեքշաբթի օրը:

Հետո, չորեքշաբթի օրը Շիան բերեց ևս 1 դդում: Քանի՞ դդում ուներ մեր դասարանը չորեքշաբթի օրը:

Նկարիր նկար և գրիր թվային արտահայտություն՝ քո մտածելակերպը ցույց տալու համար: Ի՞նչ նկատեցիր՝ ի՞նչ տեղի ունեցավ յուրաքանչյուր օր:

**Լրացում.** Եթե այս դինամիկան շարունակվի, քանի՞ դդում կունենա մեր դասարանը ուրբաթ օրը:

## Նկարե՛ք

## Գրե՛ք

EUREKA MATH

ՄԻԱՎՈՐՆԵՐԻ ՊԱՏՄՈՒԹՅՈՒՆ

Դաս 4 Խնդիրներ   1•1

Անուն _____ Ամսաթիվ _____

## 6 թիվը ստանալու եղանակներ։

Օգտվելով այս խնդրի նկարից՝ գրեք 6 թիվը ստանալու բոլոր տարբեր եղանակները։

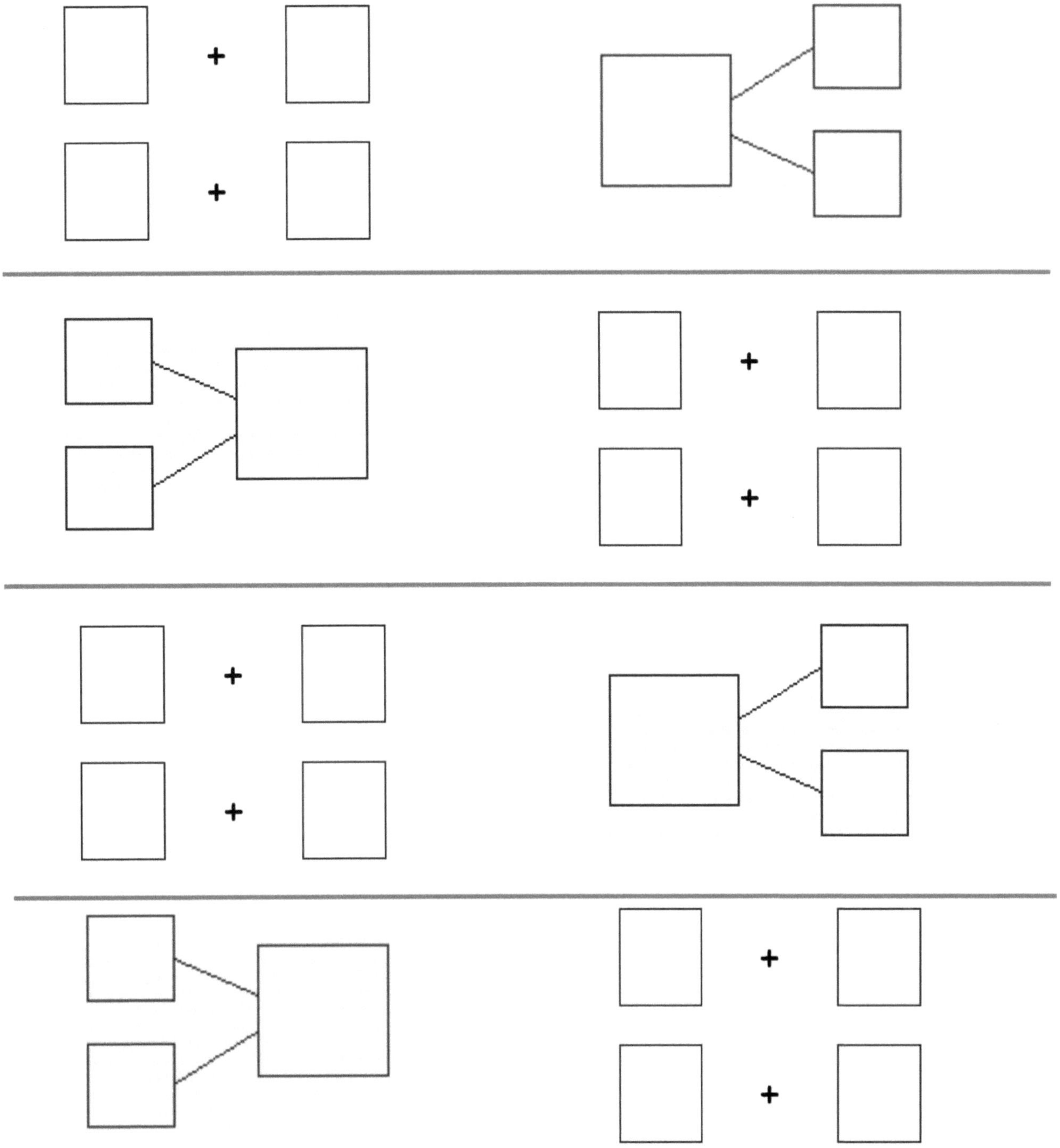

Դաս 4. Ներկայացրե՛ք, միավորե՛ք իրավիճակներ թվային զույգերով։ Հաշվե՛ք մեկ գետեղված թվից կամ մասից մինչև ընդհանուր 6 և 7, և ձևավորե՛ք բոլոր գումարման արտահայտությունները յուրաքանչյուր ընդհանուրի համար։

ՄԻԱՎՈՐՆԵՐԻ ՊԱՏՄՈՒԹՅՈՒՆ    Դաս 4 Ստուգողական աշխատանք    1•1

Անուն _____    Ամսաթիվ _____

Ցույց տվե՛ք 6 թիվը ստանալու տարբեր եղանակները: Յուրաքանչյուր բազմության մեջ ներկե՛ք մի քանի շրջանակ, իսկ մյուսները՝ դատարկ թողեք:

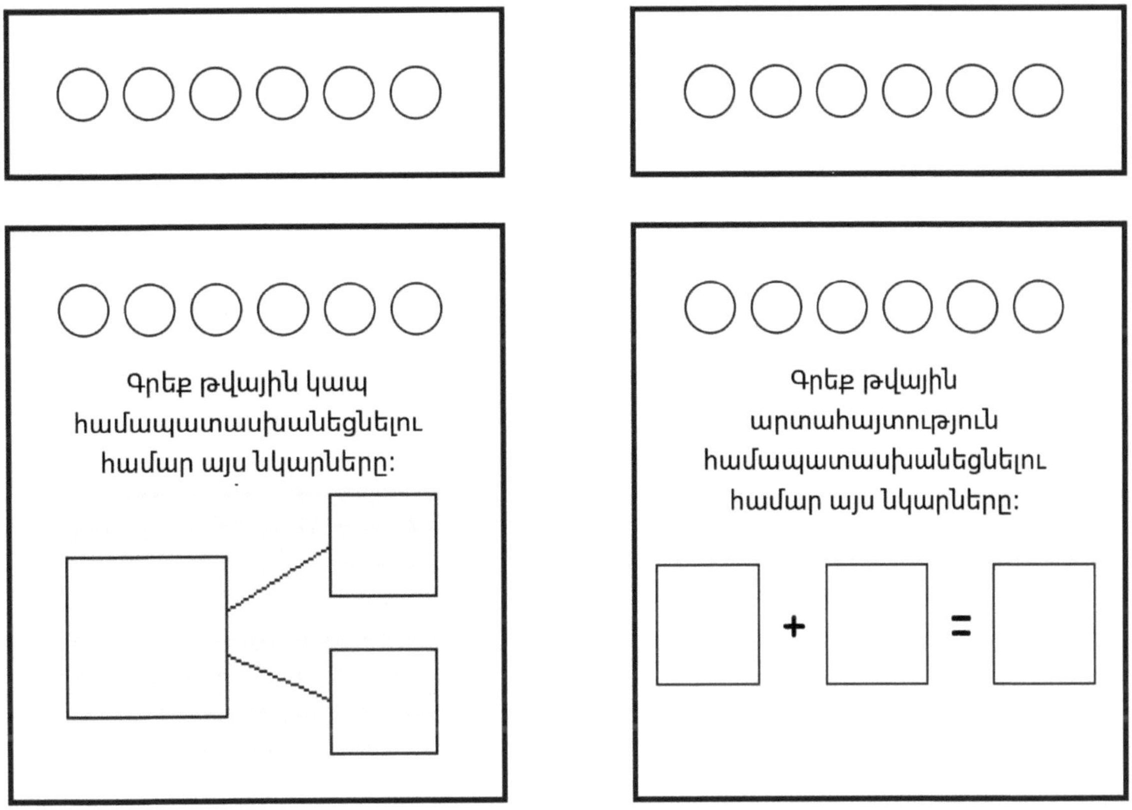

Գրեք թվային կապ համապատասխանեցնելու համար այս նկարները:

Գրեք թվային արտահայտություն համապատասխանեցնելու համար այս նկարները:

☐ + ☐ = ☐

Դաս 4.  Ներկայացրե՛ք, միավորե՛ք իրավիճակները թվային գույցերով: Հաշվե՛ք մեկ գետեղված թվից կամ մասից մինչև ընդհանուր 6 և 7, և ձևավորե՛ք բոլոր գումարման արտահայտությունները յուրաքանչյուր ընդհանուրի համար:

27

| ԲԱԺԻՆՆԵՐԻ ՊԱՏՄՈՒԹՅՈՒՆ | Դաս 4. ՁԵՌՆՄՈՒԶ | 1•1 |

6 խնձորի նկարի քարտ

Դաս 4. Ներկայացրե՛ք, միավորե՛ք իրավիճակներ թվային գույգերով։ Հաշվե՛ք մեկ գետեղված թվից կամ մասից մինչև ընդհանուր 6 և 7, և ձևավորե՛ք բոլոր գումարման արտահայտությունները յուրաքանչյուր ընդհանուրի համար։

## Կարդացե՛ք

Մարկուսն ուներ 6 կոնֆետ։ Նա որոշեց մի քանիսը տալ իր մայրիկին և մի քանիսը՝ իրեն պահել։

Օգտագործե՛ք նկարներ և թվեր ցույց տալու համար երկու եղանակ, որով Մարկուսը կարող էր բաժանել 6 կոնֆետը։

## Նկարե՛ք

ՄԻԱՎՈՐՆԵՐԻ ՊԱՏՄՈՒԹՅՈՒՆ | Դաս 5 Գործնական խնդիր | 1•1

# Գրե՛ք

_____

_____

_____

Դաս 5. Ներկայացրե՛ք, միավորե՛ք իրավիճակները թվային զույգերով։ Հաշվե՛ք մեկ գետեղված թվից կամ մասից մինչև ընդհանուր 6 և 7, և ձևավորե՛ք բոլոր գումարման արտահայտությունները յուրաքանչյուր ընդհանուրի համար։

ՄԻԱՎՈՐՆԵՐԻ ՊԱՏՄՈՒԹՅՈՒՆ | Դաս 5 Խնդիրներ | 1•1

Անուն _____ Ամսաթիվ _____

**7 թիվը ստանալու եղանակներ:** Օգտագործե՛ք դասարանի նկարը, որպեսզի գրեք արտահայտություններ և թվային զույգեր` 7 թիվը ստանալու բոլոր հնարավոր եղանակները ցույց տալու համար:

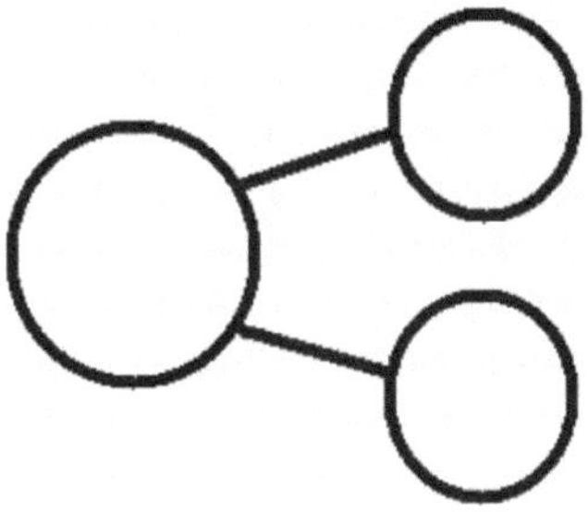

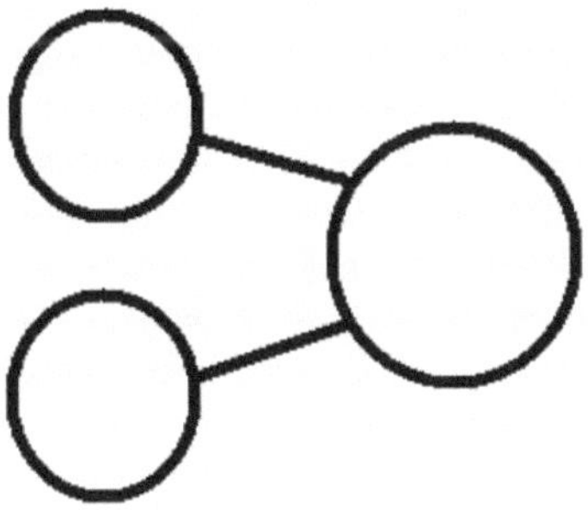

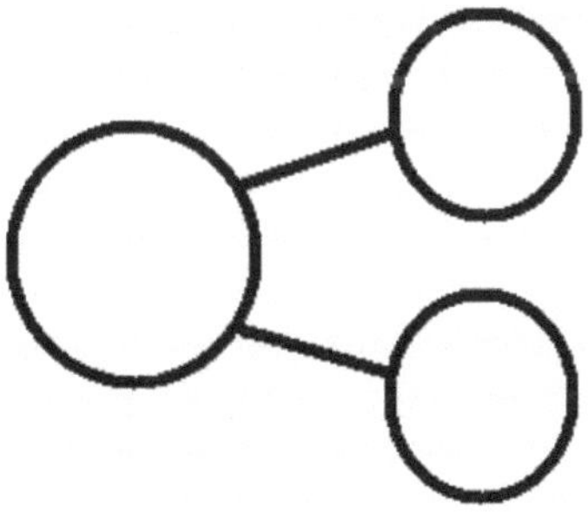

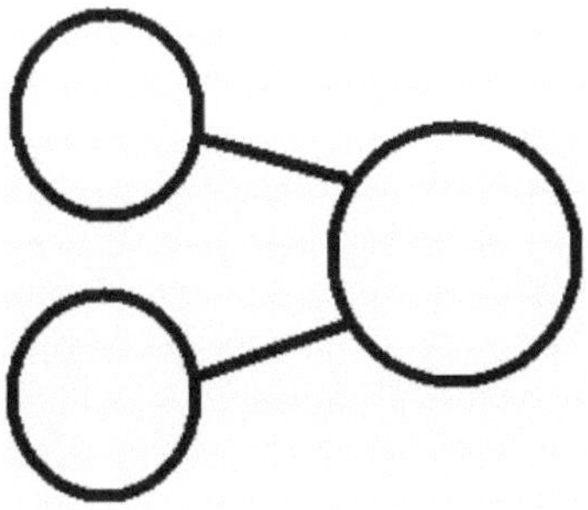

Անուն _____ Ամսաթիվ _____

Ներկե՛ք երկու զառ, որոնք միասին կազմում են 7: Հետո, լրացրեք թվային զույգը և թվային արտահայտությունները, որպեսզի դրանք համապատասխանեն ձեր ներկած զառերին:

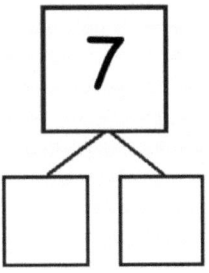

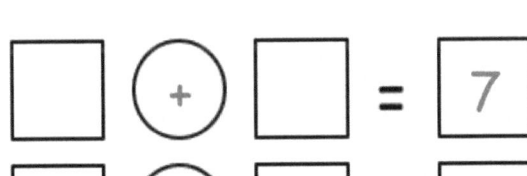

Դաս 5. Ներկայացրե՛ք, միավորե՛ք իրավիճակները թվային զույգերով: Հաշվե՛ք մեկ գետեղված թվից կամ մասից մինչև ընդհանուր 6 և 7, և ձևավորե՛ք բոլոր գումարման արտահայտությունները յուրաքանչյուր ընդհանուրի համար:

ԲԱԺԻՆՆԵՐԻ ՊԱՏՄՈՒԹՅՈՒՆ

Դաս 5 Զևանմուշ 2  1•1

7 երեխաների նկար-քարտ

Դաս 5.  Ներկայացրե՛ք, միավորե՛ք իրավիճակները թվային զույգերով: Հաշվե՛ք մեկ գետեղված թվից կամ մասից մինչև ընդհանուր 6 և 7, և ձևավորե՛ք բոլոր գումարման արտահայտությունները յուրաքանչյուր ընդհանուրի համար:

## Կարդացե՛ք

Թոմն ունի 4 կարմիր մեքենա և 3 կանաչ մեքենա։ Դեյվն ունի 5 կարմիր մեքենա և 2 կանաչ մեքենա։ Դեյվը կարծում է, որ ինքն ունի ավելի շատ մեքենաներ, քան Թոմը։ Դեյվը ճի՞շտ է։

Նկարե՛ք, ցույց տալու համար, թե ինչպես իմացաք։ Գրե՛ք թվային զույգ ցույց տալու համար տղաներից յուրաքանչյուրի մեքենաների հավաքածուն։

## Նկարե՛ք

# Գրե՛ք

_____

_____

_____

ՄԻԿՎՈՐՆԵՐԻ ՊԱՏՄՈՒԹՅՈՒՆ    Դաս 6 Խնդիրներ   1•1

Անուն _____    Ամսաթիվ _____

Շրջանակի մեջ վերցրե՛ք մասը:
Շարունակեք հաշվել ցույց
տալու համար 8 թիվը
նկարով և թվային զույգով:
Գրե՛ք արտահայտությունները:

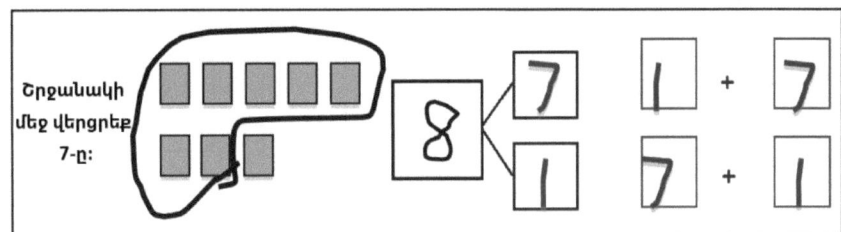

1. Շրջանակի մեջ վերցրե՛ք 6-ը: Որքա՞ն պետք է ավելացնել, որ 6-ը դառնա 8:

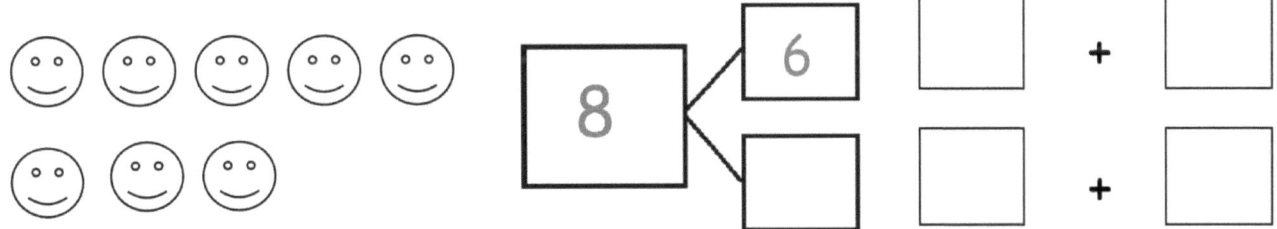

2. Շրջանակի մեջ վերցրե՛ք 5-ը: Որքա՞ն պետք է ավելացնել, որ 5-ը դառնա 8:

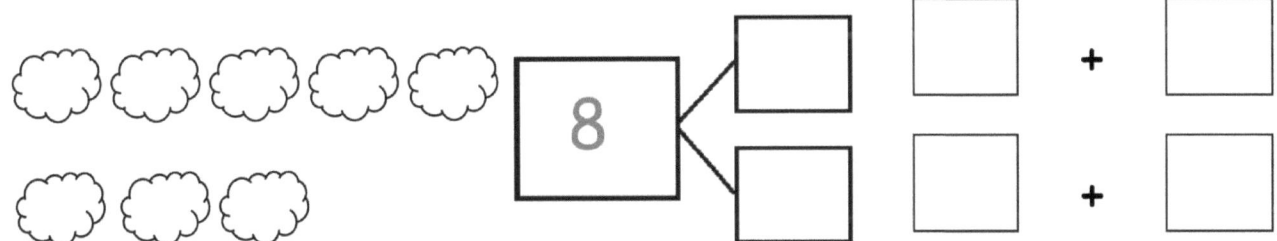

3. Շրջանակի մեջ վերցրե՛ք 4-ը: Որքա՞ն պետք է ավելացնել, որ 4-ը դառնա 8:

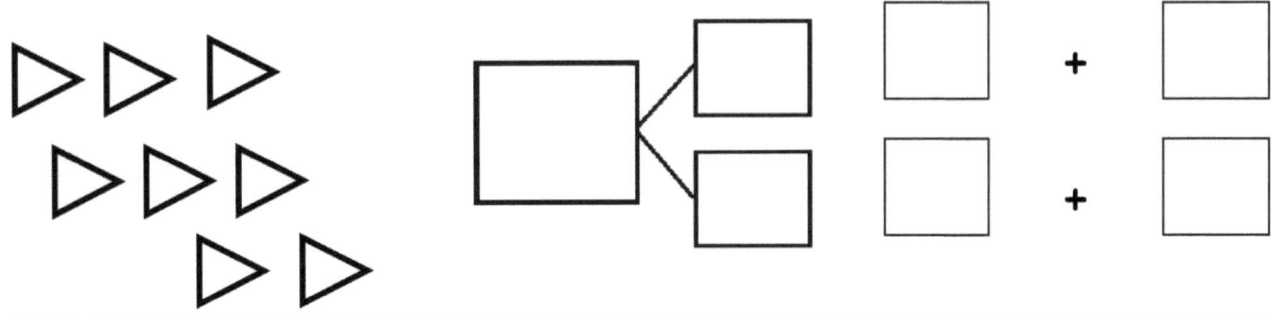

4. Այս թվային զույգերը հերթականությամբ են՝ սկսած մեծից: Գրե՛ք ցույց տալու համար, թե որ թվային զույգերն են բացակայում:

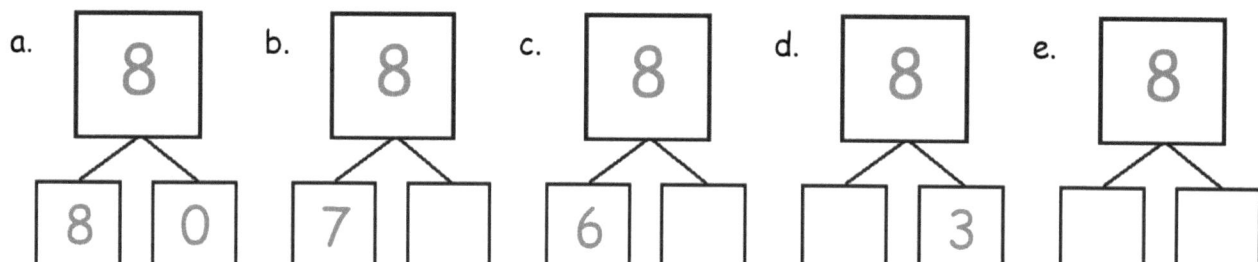

5. Կիրառե՛ք արտահայտություն՝ գրելու համար թվային զույգ և նկարեք նկար, որի արդյունքում ստացվում է 8:

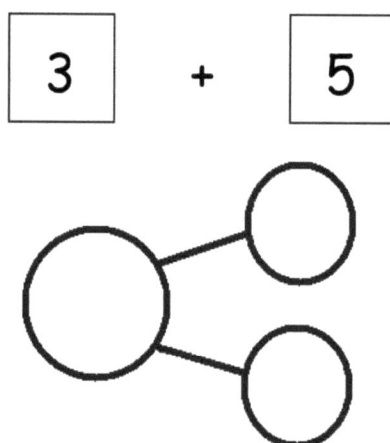

3 + 5

6. Կիրառե՛ք արտահայտություն՝ գրելու համար թվային զույգ և նկարեք նկար, որի արդյունքում ստացվում է 8:

8 + 0

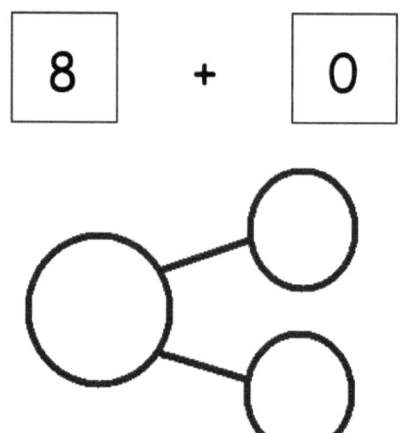

ՄԻԱՎՈՐՆԵՐԻ ՊԱՏՄՈՒԹՅՈՒՆ  Դաս 6 Գնահատման թերթիկ  1•1

Անուն _____  Ամսաթիվ _____

Լրացրեք թվային զույգի բացակայող մասը և շարունակեք հաշվել՝ գտնելու համար ընդհանուրը: Այնուհետև՝ գրե՛ք 2 գումարման արտահայտություն յուրաքանչյուր թվային զույգի համար:

1.     2.

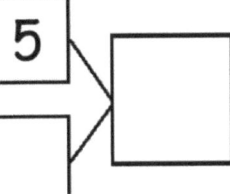   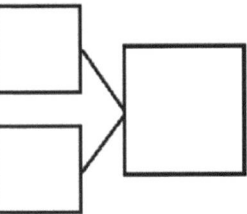

 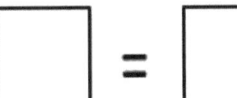    

ՄԻԱՎՈՐՆԵՐԻ ՊԱՏՄՈՒԹՅՈՒՆ

Դաս 6 Ձեռնարկ 1   1•1

8 կենդանիների նկար-քարտեր

Դաս 6.  Ներկայացրե՛ք, միավորե՛ք իրավիճակները թվային զույգերով։ Հաշվե՛ք մեկ գետեղված թվից կամ մասից մինչև ընդհանուր 8 և 9, և ձևավորե՛ք բոլոր արտահայտությունները յուրաքանչյուր ընդհանուրի համար։

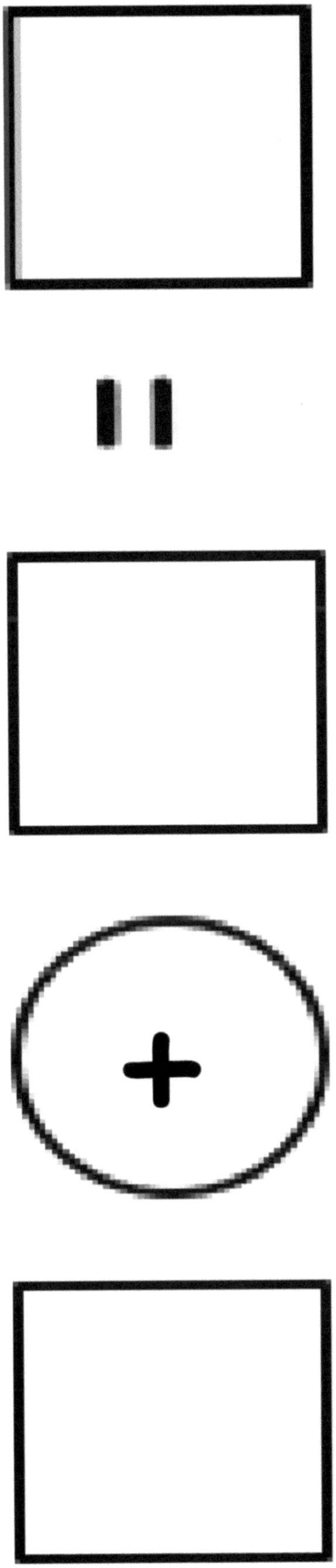

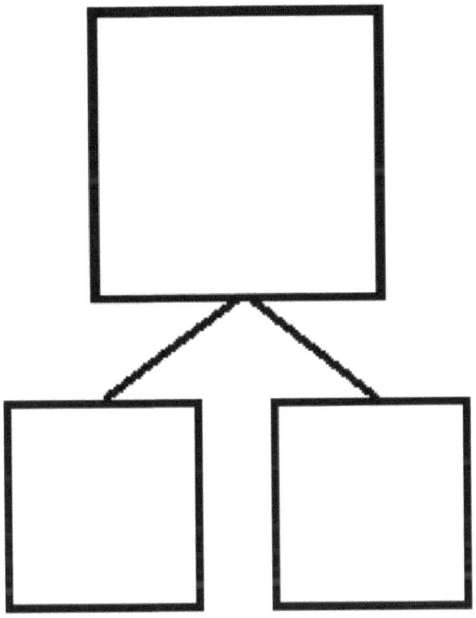

չլրացված թվային արտահայտություն
և թվային զույգ

ՄԻԿՎՈՐՆԵՐԻ ՊԱՏՄՈՒԹՅՈՒՆ                                    Դաս 6 Ձևանմուշ 3   1•1

Անուն _____    Ամսաթիվ _____

Օգտվելով 5-ական խմբերի քարտերից, գրեք արտահայտություններ և թվային զույգեր՝ ցույց տալու համար 8 թիվը ստանալու բոլոր հնարավոր եղանակները։

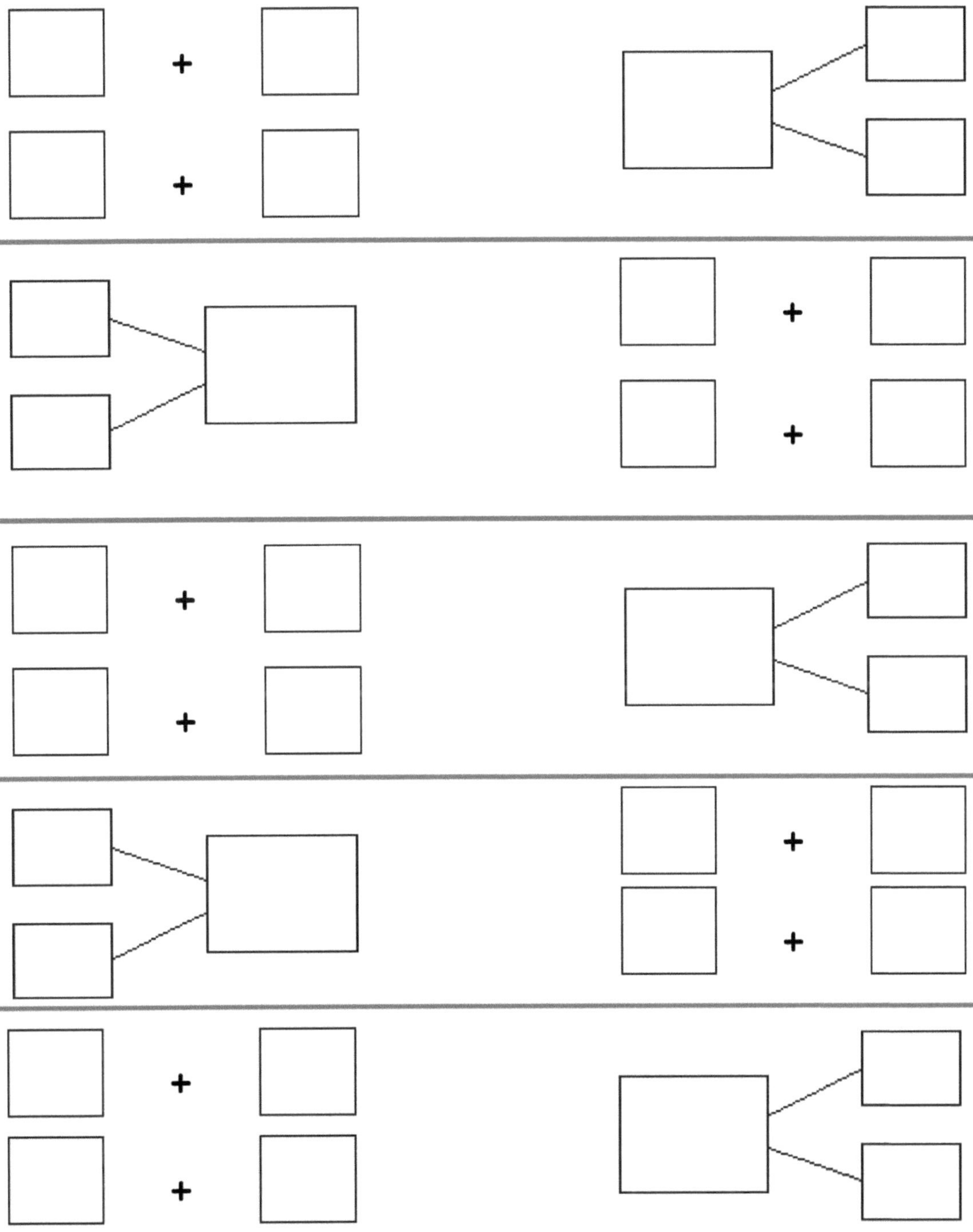

8 կազմելու տարբեր եղանակներ

## Կարդացե՛ք

Ջենին ունի 8 ծաղիկ ծաղկամանի մեջ։ Ծաղիկները երկու գույնի են։ Նկարե՛ք, ցույց տալու համար, թե ինչ տեսք կարող է ունենալ ծաղկամանը։ Գրեք թվային արտահայտություն և թվային զույգ՝ նկարին համապատասխան։

## Նկարե՛ք

# Գրե՛ք

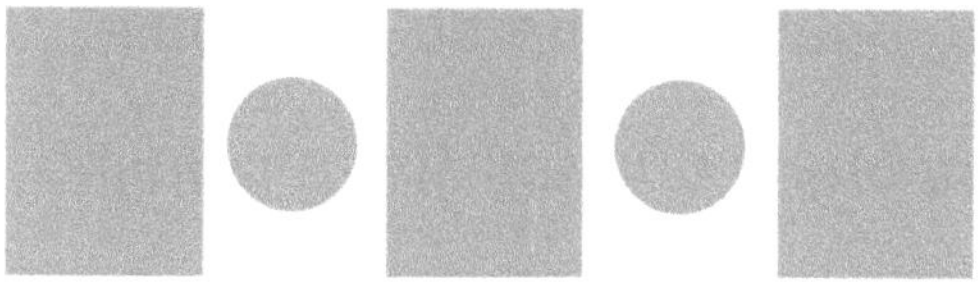

Անուն ______________________________ Ամսաթիվ ______________

Շրջանակի մեջ վերցրե՛ք մասը: Շարունակե՛ք հաշվել ցույց տալու համար 9 նկարով և թվային զույգով: Գրե՛ք արտահայտությունները:

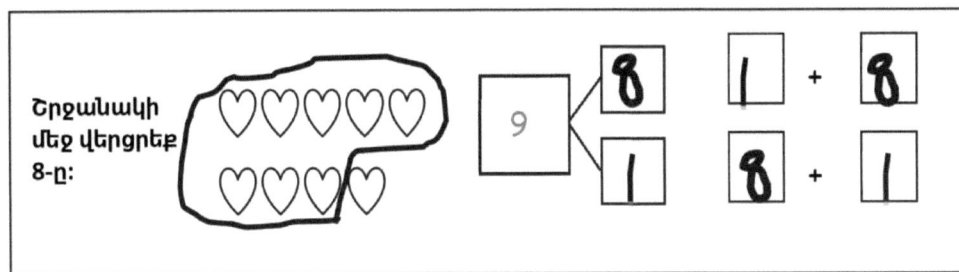

**Շրջանակի մեջ վերցրեք 8-ը:**

1. Շրջանակի մեջ վերցրե՛ք 7-ը: Որքա՞ն պետք է ավելացնել, որը 7-ը դառնա 9-ը:

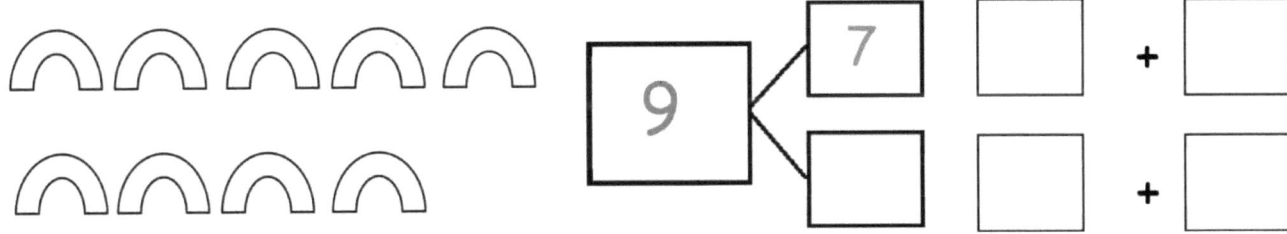

2. Շրջանակի մեջ վերցրե՛ք 4-ը: Որքա՞ն պետք է ավելացնել, որը 4-ը դառնա 9-ը:

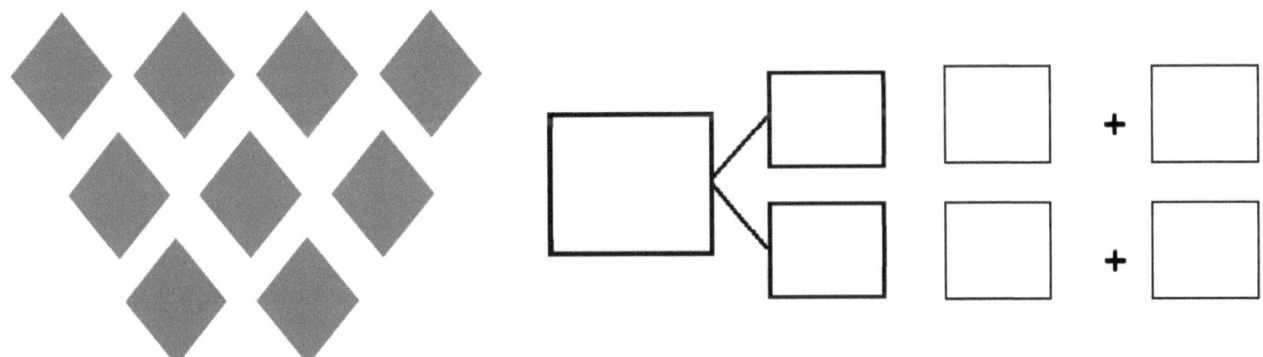

3. Շրջանակի մեջ վերցրե՛ք 3-ը: Որքա՞ն պետք է ավելացնել, որը 3-ը դառնա 9-ը:

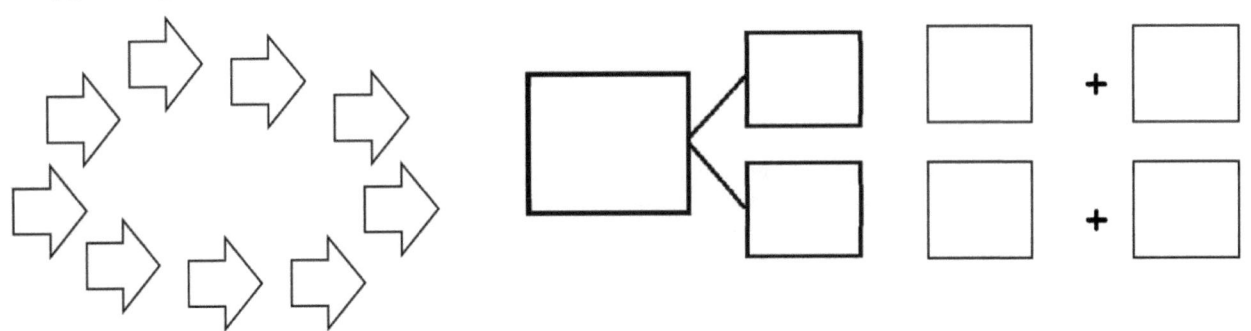

ՄԻԱՎՈՐՆԵՐԻ ՊԱՏՄՈՒԹՅՈՒՆ   Դաս 7 Խնդիրներ   1•1

4. Գիծ գծե՛ք՝ 9-ի համակցությունները ցույց տալու համար:

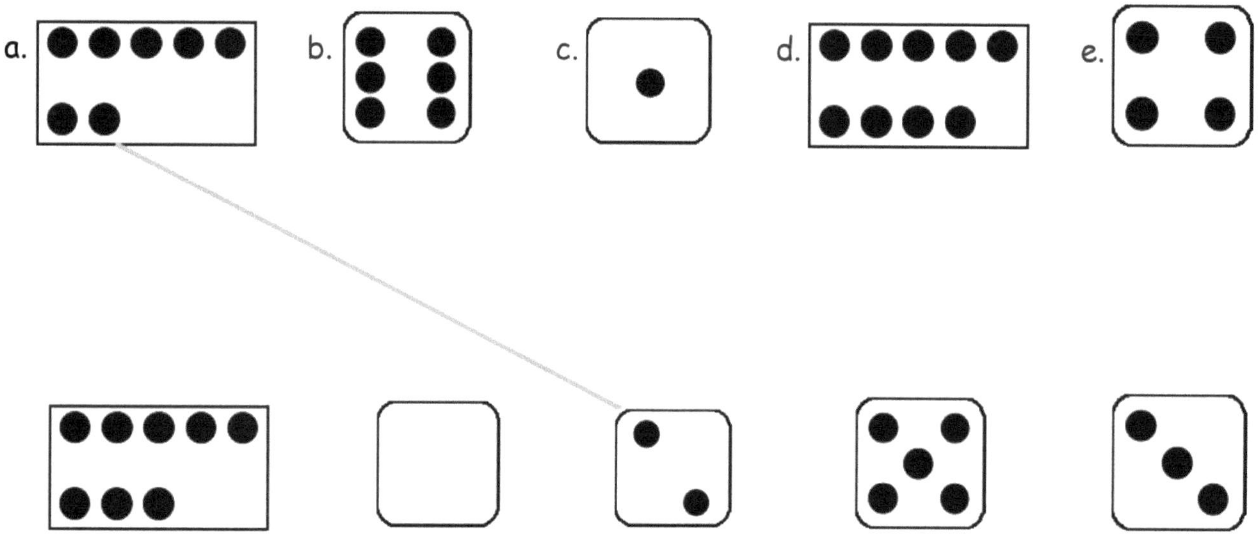

a. 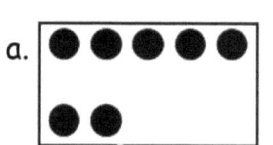   b.    c. 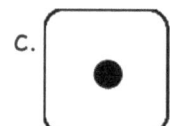   d. 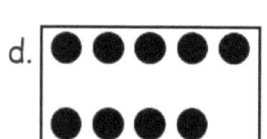   e.

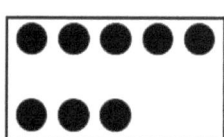   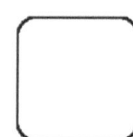   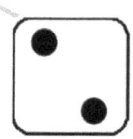      

5. Գրե՛ք թվային զույգ 9-ի յուրաքանչյուր համակցության համար: Օգտվե՛ք վերոնշյալ համակցություններից:

a. 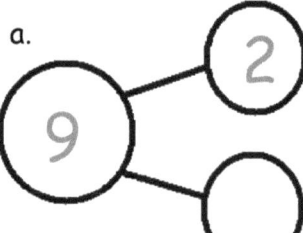   b.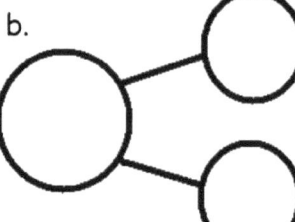

c. 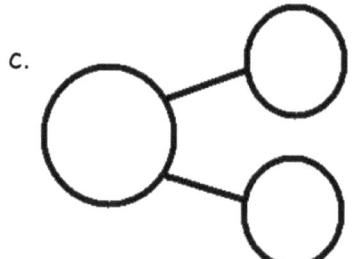   d.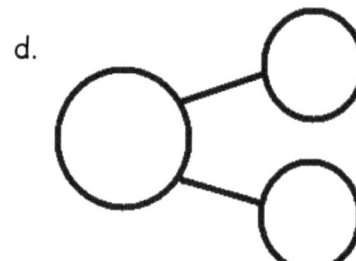

e. 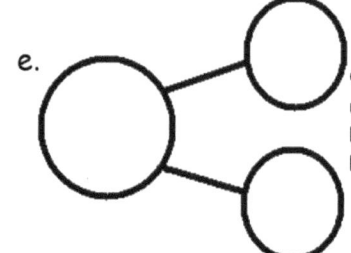   Գրեք թվային արտահայտություն համապատասխանեցնելու համար թվային կապը:

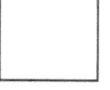 +  = □

 + □ =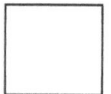

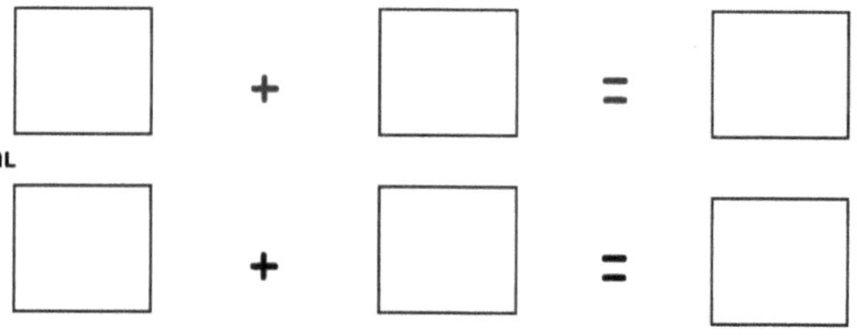

Անուն ______________________________ Ամսաթիվ ______________

1. Շրջանակի մեջ վերցրե՛ք այն թվերի զույգերը, որոնք կազմում են 9-ը:

2. Լրացրե՛ք թվային զույգերը ցույց տալու 2 տարբեր եղանակ 9-ը ստանալու համար:

a.

b.

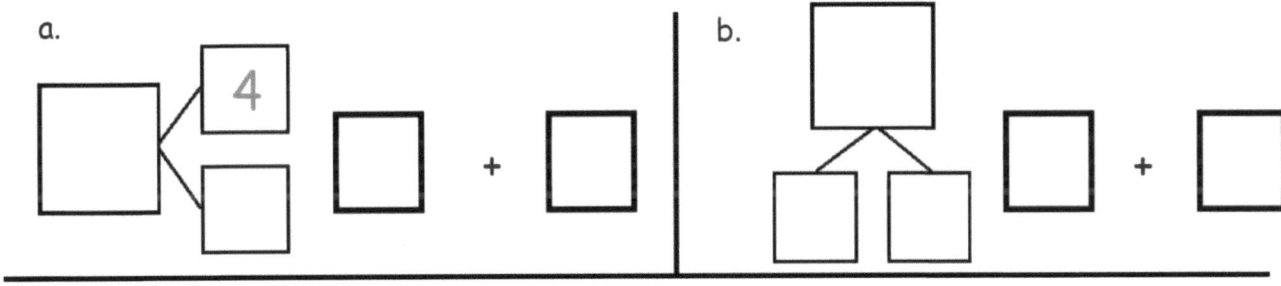

ՄԻԱՎՈՐՆԵՐԻ ՊԱՏՄՈՒԹՅՈՒՆ        Դաս 7 Ձեռնարկ 1   1•1

9 գրքերի նկարների քարտ

Դաս 7.  Ներկայացրե՛ք, միավորե՛ք իրավիճակները թվային գույգերով։ Հաշվե՛ք մեկ
գետեղված թվից կամ մասից մինչև ընդհանուր 8 և 9, և ձևավորե՛ք բոլոր
արտահայտությունները յուրաքանչյուր ընդհանուրի համար։                57

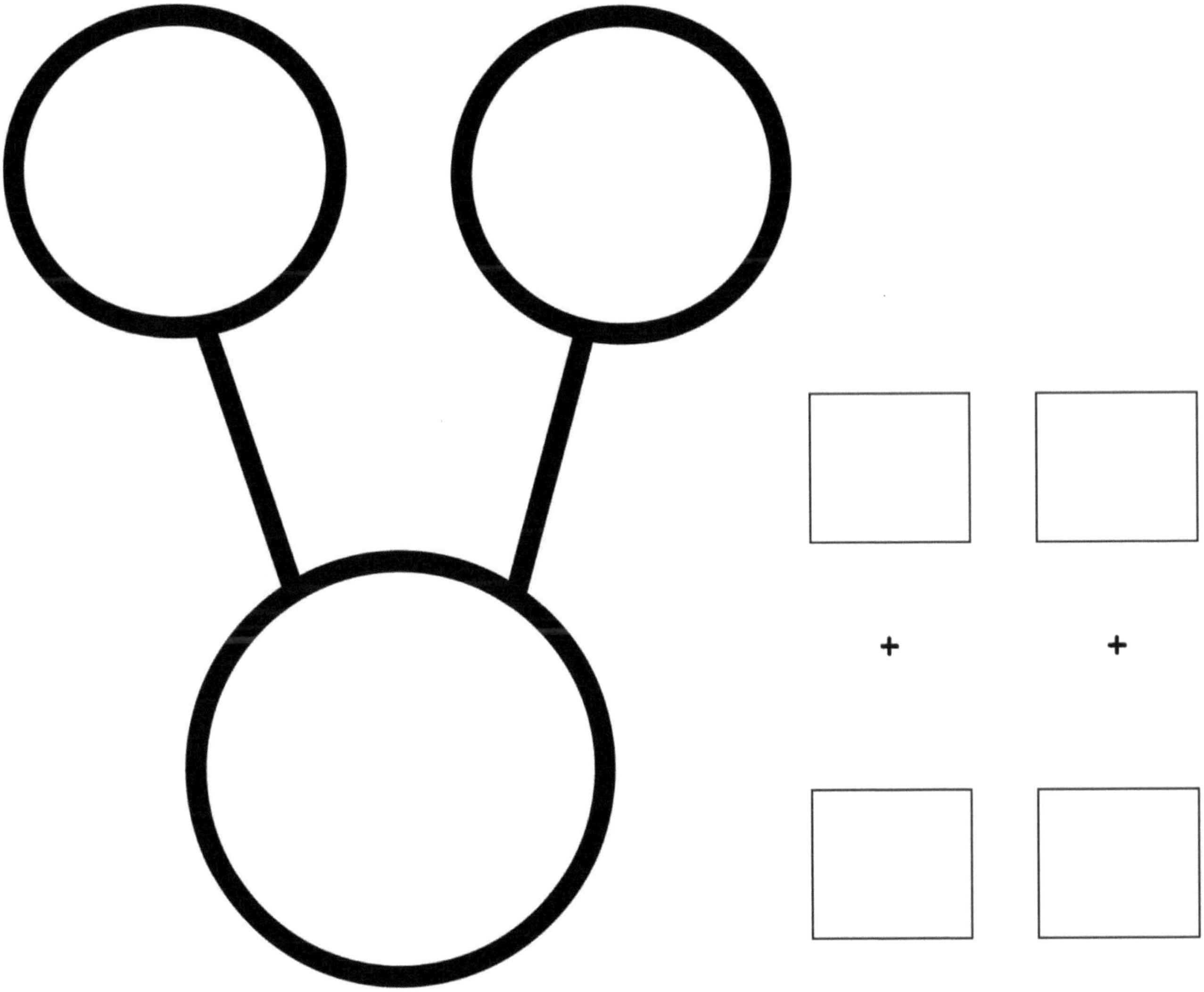

ՄԻԱՎՈՐՆԵՐԻ ՊԱՏՄՈՒԹՅՈՒՆ   Դաս 7 Զևանմուշ 2   1•1

թվային զույգ և արտահայտություն

Դաս 7.   Ներկայացրե՛ք, միավորե՛ք իրավիճակները թվային զույգերով: Հաշվե՛ք մեկ գետեղված թվից կամ մասից մինչև ընդհանուր 8 և 9, և ձևավորե՛ք բոլոր արտահայտությունները յուրաքանչյուր ընդհանուրի համար:

59

## Կարդացե՛ք

Ռայդենը ստացել էր 9 կպչուն պիտակ դպրոցում: Նա ստացել էր 5 կպչուն պիտակ առավոտյան: Քանի՞ կպչուն պիտակ է ստացել կեսօրին:

Նկարե՛ք նկար, թվային զույգ և թվային արտահայտություն՝ ցույց տալու համար, թե ինչ գիտեք:

## Նկարե՛ք

## Գրե՛ք

Ռայդենը ստացել է կպչուն պիտակ կեսօրին:

ՄԻԱՎՈՐՆԵՐԻ ՊԱՏՄՈՒԹՅՈՒՆ

Դաս 8 Խնդիրներ  1•1

Անուն _____ Ամսաթիվ _____

1. Օգտագործե՛ք ձեռնաշղթան՝ ցույց տալու համար 10-ի համակցությունները։ Այնուհետև՝ նկարեք ուլունքներ։ Գրեք համապատասխան արտահայտությունը։

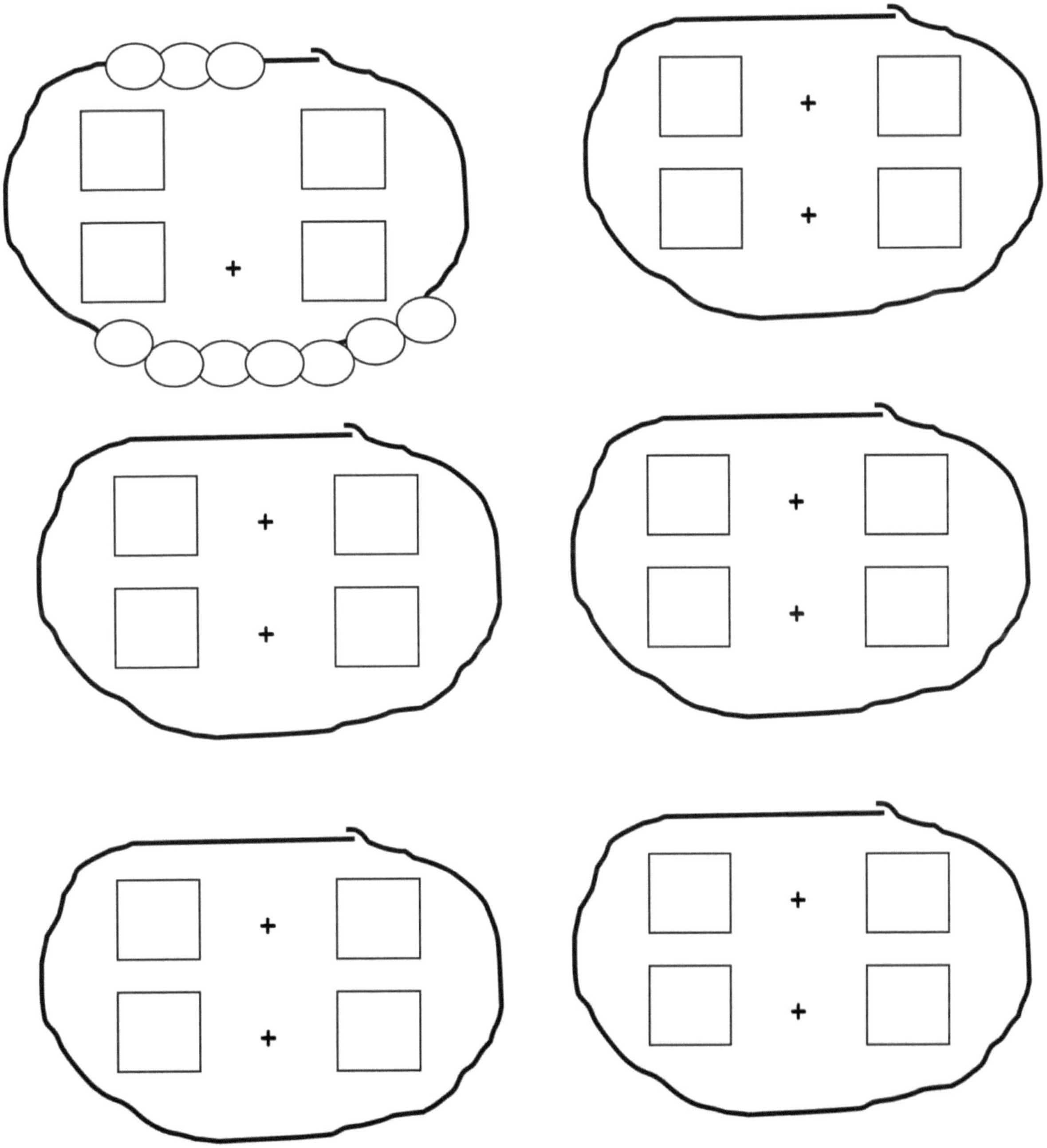

Դաս 8.   Ներկայացրե՛ք բոլոր 10 թվային զույգերը՝ տրված սցենարից, և ձևավորե՛ք բոլոր արտահայտությունները, որոնք հավասար են 10-ի:

63

2. Իրար միացրե՛ք 10-ի համակցությունները: Հետո գրե՛ք թվային զույգ յուրաքանչյուր համակցության համար:

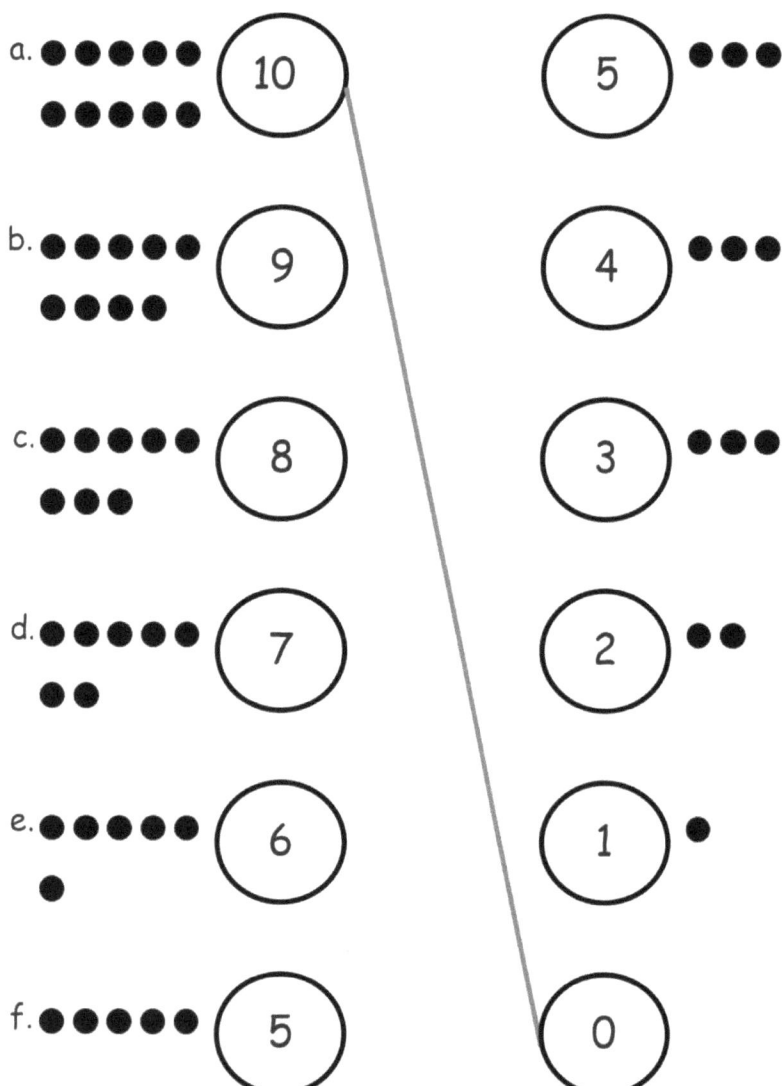

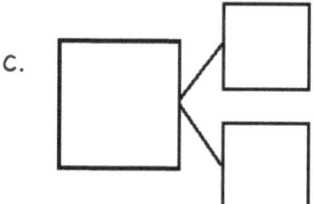

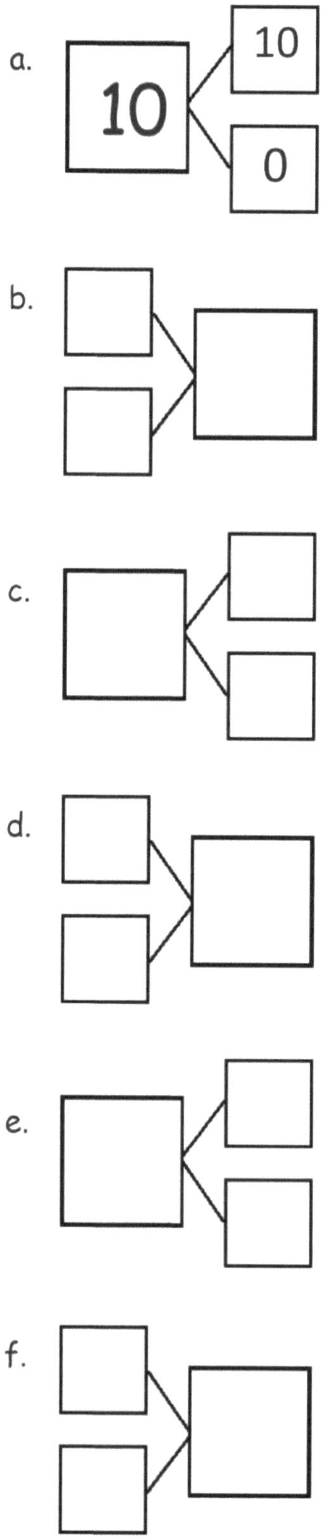

3. Ներկե՛ք այն թվային զույգը, որն ունի 2 միանման մաս: Գրեք գումարման արտահայտություններ՝ թվային զույգին համապատասխան:

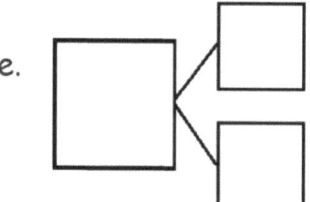

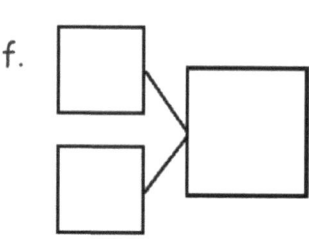

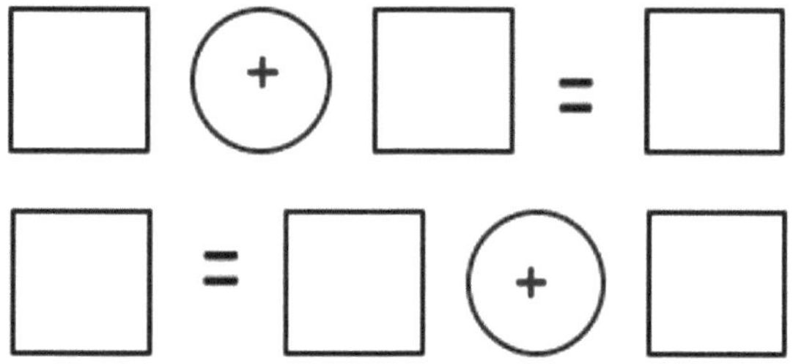

ՄԻԱՎՈՐՆԵՐԻ ՊԱՏՄՈՒԹՅՈՒՆ　　　Դաս 8 Գնահատման թերթիկ　1•1

Անուն _____　Ամսաթիվ _____

Գունավորե՛ք այն համակցությունները, որոնց գումարը կազմում է 10:

**Դաս 8.** Ներկայացրե՛ք բոլոր 10 թվային զույգերը՝ տրված սցենարից, և ձևավորե՛ք բոլոր արտահայտությունները, որոնք հավասար են 10-ի:

ՄԻԱՎՈՐՆԵՐԻ ՊԱՏՄՈՒԹՅՈՒՆ    Դաս 9 Գործնական խնդիր    1•1

## Կարդացե՛ք

Կիրան պատրաստում էր ապարանջան՝ ընդանուր 10 ուլունքներով։ Մինչ այժմ նա դրել է 3 կարմիր ուլունք։ Քանի՞ ուլունք ևս նա պետք է ավելացնի ժանյակին։

Բացատրե՛ք Ձեր մտածելակերպը նկարում և թվային արտահայտությամբ։

## Նկարե՛ք

# Գրե՛ք

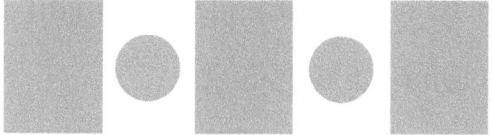

Կիրային անհրաժեշտ են  էլի ուլունքներ:

ՄԻԱՎՈՐՆԵՐԻ ՊԱՏՄՈՒԹՅՈՒՆ                                    Դաս 9 Խնդիրներ   1•1

Անուն _____  Ամսաթիվ _____

1.

☐ + ☐ = ☐

_____ Գնդակներն այստեղ են։ _____ Ավելի շատ գլորում։ Այժմ կա _____ գնդակ։

Կազմեք թվային զույգ՝ պատմությանը համապատասխան։

2.

☐ + ☐ = ☐

_____ Գորտերն այստեղ են։ _____ Ավելի շատ ցատկեր։ Այժմ կա _____ գորտ։

Կազմեք թվային զույգ՝ պատմությանը համապատասխան։

Դաս 9.  Լուծե՛ք անհայտ արդյունքով գումարման խնդիրները և դրանք համապատասխանեցրե՛ք անհայտ արդյունքով մաթեմատիկական պատմությունների հետ՝ նկարելով, գրելով հավասարումներ և կատարելով լուծումների պաշտպանումներ։

3.

☐ + ☐ = ☐

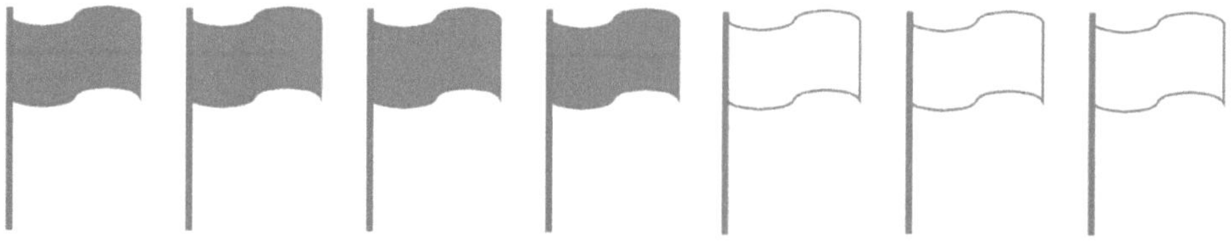

Կա_______մուգ դրոշ:  Կա ______ սպիտակ դրոշ:

Ընդհանուր կա _____ դրոշ:

Կազմեք թվային զույգ՝ պատմությանը համապատասխան:

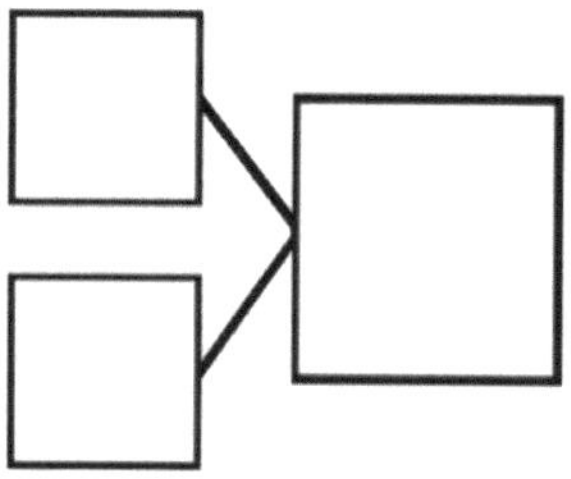

4.

☐ + ☐ = ☐

Կա _______ սպիտակ ծաղիկ:  Կա ___ մուգ ծաղիկ:

Ընդհանուր կա ___ծաղիկ:

Կազմեք թվային զույգ՝ պատմությանը համապատասխան:

EUREKA MATH

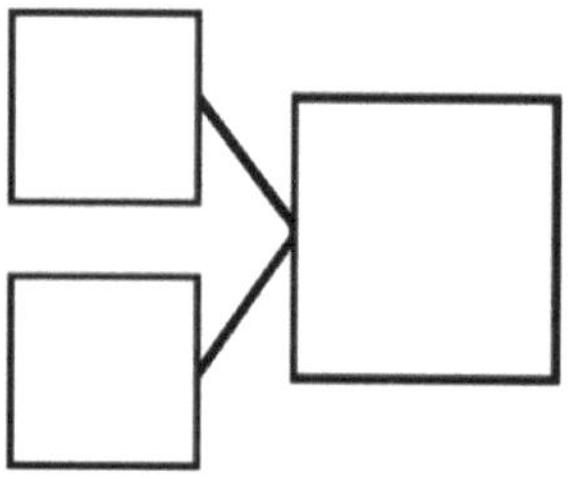

ՄԻԿՎՈՐՆԵՐԻ ՊԱՏՄՈՒԹՅՈՒՆ       Դաս 9 Ստուգողական աշխատանք    1•1

Անուն _____     Ամսաթիվ _____

Նկարե՛ք և գրեք թվային արտահայտություն՝ պատմությանը համապատասխան:

Բենն ունի 3 կարմի գնդակ և ստանում է ևս 5 կանաչ գնդակ: Քանի՞ գնդակ ունի նա հիմա:

☐ + ☐ = ☐        Բենը ունի _____ գնդակ:

Դաս 9․  Լուծե՛ք անհայտ արդյունքով գումարման խնդիրները և դրանք համապատասխանացրե՛ք անհայտ արդյունքով մաթեմատիկական պատմությունների հետ՝ նկարելով, գրելով հավասարումներ և կատարելով լուծումների պնդումներ:

71

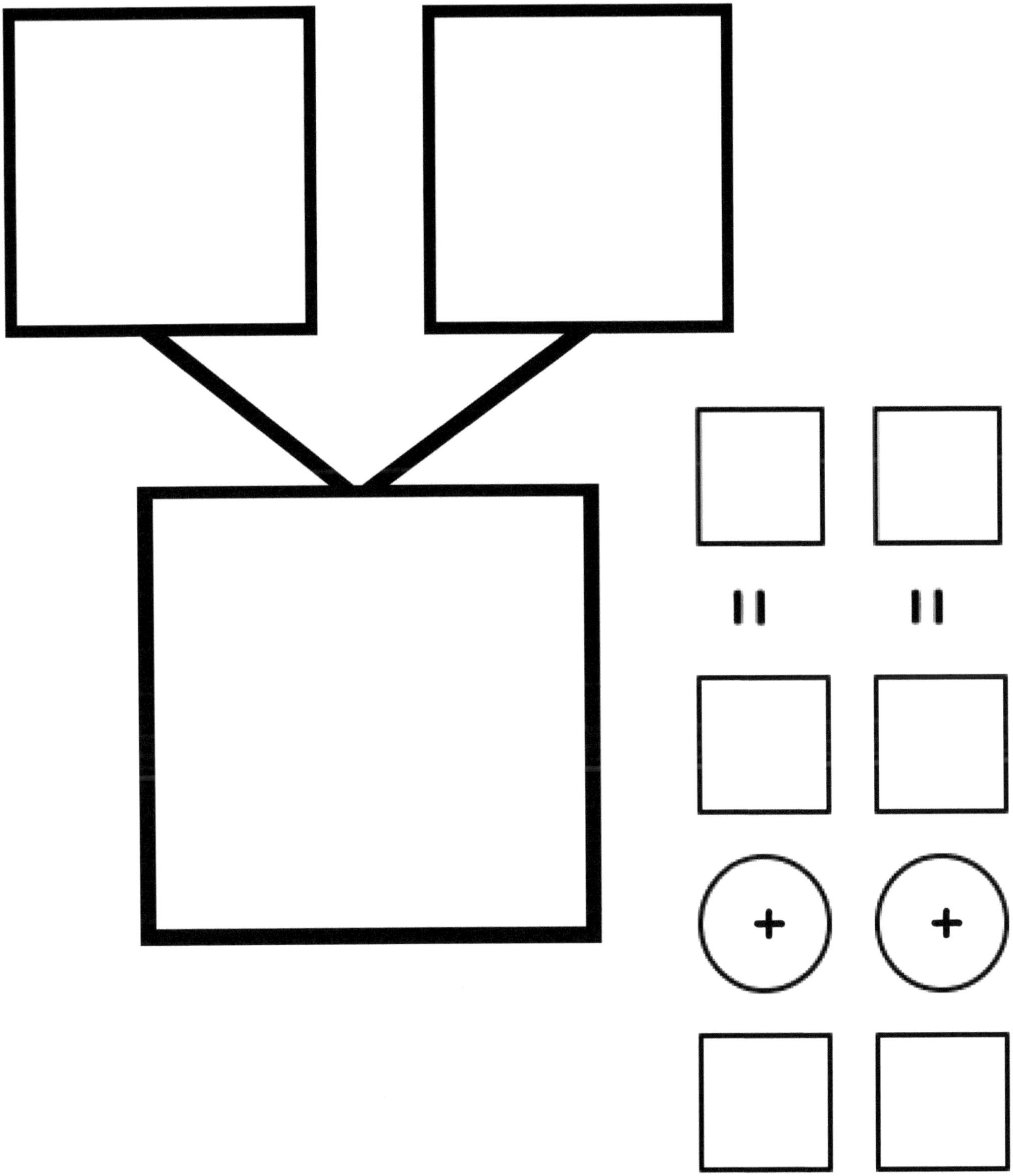

ՄԻԱՎՈՐՆԵՐԻ ՊԱՏՄՈՒԹՅՈՒՆ    Դաս 9 Ճառանմուշ   1•1

_____
Թվային զույգ և երկու բաց հավասարում

Դաս 9.  Լուծե՛ք անհայտ արդյունքով գումարման խնդիրները և դրանք համապատասխանացրե՛ք անհայտ արդյունքով մաթեմատիկական պատմությունների հետ՝ նկարելով, գրելով հավասարումներ և կատարելով լուծումների պնդումներ:

73

## Կարդացե՛ք

Դասարանը հավաքում է պահածոյացված սնունդ՝ կարիքավորներին օգնելու համար։ Ուսուցիչը բերում է 3 պահածո՝ սկսելով հավաքելը։ Երկուշաբթի Բեքին բերում է 2 պահածո։ Երեքշաբթի Թալիան բերում է 2 պահածո։ Չորեքշաբթի Բրենդան բերում է 2 պահածո։ Օրվա վերջում քանի՞ պահածո կար։
Մի նկար նկարեք՝ Ձեր մտածելակերպը ցույց տալու համար։ Ի՞նչ նկատեցիր և ի՞նչ տեղի ունեցավ յուրաքանչյուր օր։

**Լրացում.** Եթե այս տեմպը շարունակվի, քանի՞ պահածո կլինի ուրբաթ օրը։

## Նկարե՛ք

## Գրե՛ք

Դաս 10. *Լուծե՛ք անհայտ արդյունքով գումարման խնդիրները և դրանք համապատասխանացրե՛ք անհայտ արդյունքով* մաթեմատիկական պատմությունների հետ՝ նկարելով և օգտագործելով 5-խմբանի քարտեր:

ՄԻԱՎՈՐՆԵՐԻ ՊԱՏՄՈՒԹՅՈՒՆ Դաս 10 Խնդիրներ 1•1

Անուն ______________________________ Ամսաթիվ ______________

1. Նկարի օգտագործմամբ գրեք թվային արտահայտությունը և թվային զույգը:

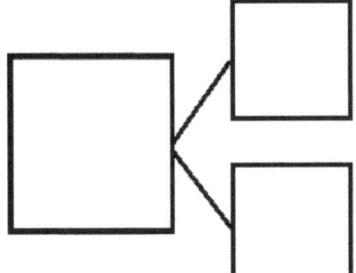

_______ փոքրիկ կրիաներ + _______ մեծ կրիաներ = _______ կրիաներ

2.

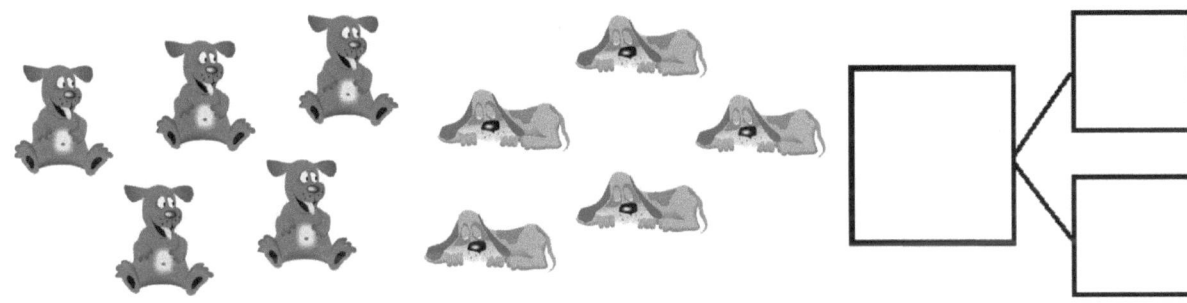

_______ շներ, որոնք արթուն են + _______ քնած շներ = _______ շներ

3.

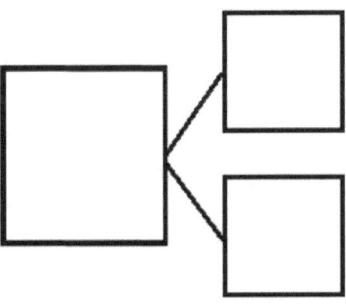

_______ խոզերը ցեխի մեջ չեն + _______ խոզերը ցեխի մեջ են = _______ խոզեր

4. Գծեր քաշեք նկարից դեպի համապատասխան 5-խմբանի քարտերը:

a.

b.

c.

d.

EUREKA MATH

Անուն ______________________________ Ամսաթիվ ______________

1. Նկարե՛ք նկար՝ ցույց տալու համար պատմությունը: Կա 3 մեծ գնդակ և 4 փոքր գնդակ:

☐ + ☐ = ☐

Քանի՞ գնդակ կա ընդհանուր: Կա _______ գնդակ:

2. Շրջանակի մեջ վերցրեք այն վերնագրերը, որոնք համապատասխանում են նկարին:

Դաս 10. Լուծե՛ք անհայտ արդյունքով գումարման խնդիրները և դրանք համապատասխանեցրե՛ք անհայտ արդյունքով մաթեմատիկական պատմությունների հետ՝ նկարելով և օգտագործելով 5-խմբանի քարտեր:

ՄԻԱՎՈՐՆԵՐԻ ՊԱՏՄՈՒԹՅՈՒՆ | Դաս 11 Գործնական խնդիր | 1•1

## Կարդացե՛ք

Կա 8 երեխա հետդպրոցյան խոհարարական ակումբում։ Քանի՞ տղա և քանի՞ աղջիկ կարող են լինել դասարանում։ Նկարե՛ք նկար և գրեք թվային արտահայտություն՝ բացատրելու համար Ձեր մտածելակերպը։

**Լրացում.** Տղաների և աղջիկների ի՞նչ այլ համակցություններ կարող են լինել։ Գրեք թվային զույգ յուրաքանչյուր համակցության համար, որը կարող է անցնել Ձեր մտքով։

## Նկարե՛ք

## Գրե՛ք

Անուն _____  Ամսաթիվ _____

1. Ջիլին տվեցին ընդամենը 5 ծաղիկ իր ծննդյան օրը։ Ավելի շատ ծաղիկներ նկարեք ծաղկամանում ցույց տալու համար Ջիլի ծննդյան ծաղիկները։

   Քանի՞ ծաղիկ եք նկարել։ ____ ծաղիկ

   Գրեք թվային արտահայտություն և թվային զույգ՝ պատմությանը համապատասխան։

   ☐ = ☐ + ☐

2. Քեյթը և Նանան խմորեղեն էին պատրաստում։ Նրանք պատրաստեցին 2 սրտաձև խմորեղեն և մի քանի քառակուսի խմորեղեն։ Ընդամենը նրանք պատրաստեցին 8 խմորեղեն։ Քանի՞ քառակուսի խմորեղեն նրանք պատրաստեցին։ Նկարե՛ք և հաշվե՛ք պատմությունը ցույց տալու համար։

Գրեք թվային արտահայտություն և թվային զույգ՝ պատմությանը համապատասխան։

2 + ☐ = 8

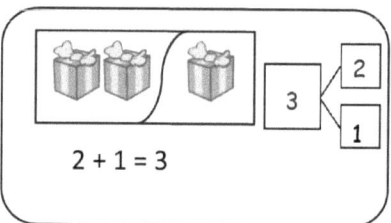

Ցույց տվեք մասերը: Գրեք թվային զույգ՝ պատմությանը համապատասխան:

3. Բիլը ունի 2 բեռնատար: Նրա ընկերը՝ Ջեյմսը, եկավ մի քանի այլ բեռնատարերով: Միասին նրանք ունեին 5 բեռնատար: Քանի՞ բեռնատար էր բերել Ջեյմսը:

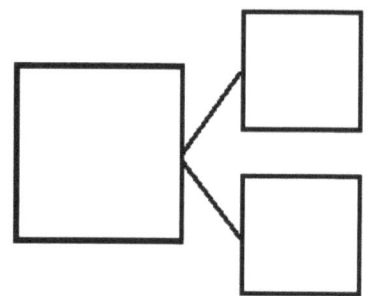

Ջեյմսը բերել էր ________ բեռնատար:

Գրե՛ք թվային արտահայտություն՝ պատմությունը բացատրելու համար:

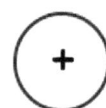

$\boxed{2} + \boxed{\phantom{0}} = \boxed{5}$

---

4. Ջեյնը բռնեց 7 ձուկ՝ նախքան ճաշելը: Ճաշից հետո նա ևս մի քանիսը բռնեց: Օրվա վերջում նա ուներ 9 ձուկ: Քանի՞ ձուկ էր նա բռնել ճաշից հետո:

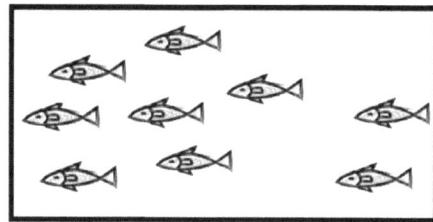

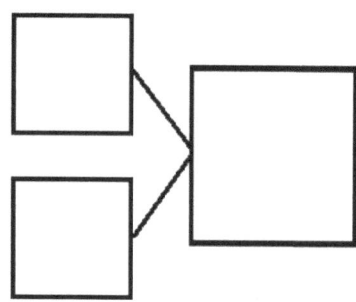

Ջեյնը բռնել էր ____________ ձուկ ճաշից հետո:

Գրե՛ք թվային արտահայտություն՝ պատմությունը բացատրելու համար:

$\boxed{\phantom{0}} + \boxed{\phantom{0}} = \boxed{\phantom{0}}$

Դաս 11. Լուծե՛ք անհայտ արդյունքով փոփոխության գործողությամբ *գումարման* մաթեմատիկական պատմություններ, երբ հաշվում եք՝ նկարելով, գրելով հավասարումներ և կատարելով լուծումների պնդումներ:

Անուն ____________________ Ամսաթիվ ____________

Նկարե՛ք ավելի շատ արջեր՝ ցույց տալու համար, որ Ջենն ունի 8 արջ՝ ընդամենը:

Ես ավելացրեցի _______ ավելի շատ արջեր:

Գրե՛ք թվային նախադասություն՝ ցույց տալու համար քանի արջ եք նկարել:

☐ + ☐ = ☐

## Կարդացե՛ք

Տանյան ունի 7 գիրք գրապահարանի վրա։ Նա մի քանի գիրք վերցրեց գրադարանից և այժմ գրապահարանի վրա կա 9 գիրք։ Քանի՞ գիրք է նա վերցրել գրադարանից։

Բացատրե՛ք Ձեր մտածելակերպը նկարներում, բառերով կամ թվային նախադասությամբ։ Վանդակ նկարեք խորհրդավոր թվի շուրջ Ձեր թվային նախադասության մեջ։

## Նկարե՛ք

## Գրե՛ք

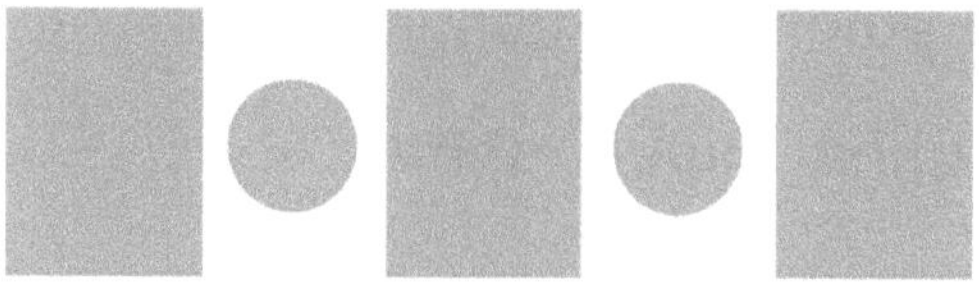

Տանյան վերցրեց 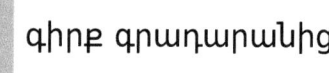 գիրք գրադարանից։

ՄԻԱՎՈՐՆԵՐԻ ՊԱՏՄՈՒԹՅՈՒՆ   Դաս 12 Խնդիրների հավաքածու   1•1

Անուն _____  Ամսաթիվ _____

Օգտագործեք ձեր 5-խմբային քարտեր

Լրացրեք բացակայող թվերը։

1.

3 + ___ = 5

2.

5 + ___ = 9

3.

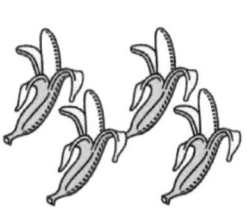 

4 + ___ = 10

Դաս 12. Լուծե՛ք գումարման գործողություն՝ խփոխության գործողությամբ անհայտ մաթեմատիկական պատմությամբ՝ օգտագործելով 5-խմբանի քարտեր։

89

4. Քեյթը և Բոբը ունեին 6 գնդակ այգում: Քեյթն ուներ գնդակներից 2-ը:

Քանի՞ գնդակ ուներ Բոբը:

_________ գնդակ = _________ գնդակ + _________ գնդակ

Բոբը ուներ _________ գնդակ այգում:

---

5. Ես ունեի 3 խնձոր: Իմ մայրիկը ինձ տվեց մի քանի հատ ևս: Հետո ես ունեի 10 խնձոր:

Քանի՞ խնձոր տվեց ինձ մայրիկս:

_________ խնձոր + _________ խնձոր = _________ խնձոր

Մայրիկը տվեց ինձ _________ խնձոր:

90 Դաս 12. Լուծե՛ք գումարման գործողություն՝ փոփոխության գործողությամբ անհայտ մաթեմատիկական պատմությամբ՝ օգտագործելով 5-խմբանի քարտեր:

ՄԻԱՎՈՐՆԵՐԻ ՊԱՏՄՈՒԹՅՈՒՆ | Դաս 12 Ստուգողական աշխատանք | 1•1

Անուն _____ Ամսաթիվ _____

Նկարե՛ք և շարունակե՛ք հաշվել լուծելու համար մաթեմատիկական պատմությունը:

🐟    🐟  🐟  🐟

Բոբը բռնեց 5 ձուկ: Ջոնը բռնեց ևս մի քանի ձուկ: Նրանք ունեին 7 ձուկ՝ ընդհանուր: Քանի՞ ձուկ բռնեց Ջոնը:

Գրեք թվային նախադասություն՝ Ձեր նկարին համապատասխան:

☐ + ☐ = ☐

Ջոնը բռնեց _____ ձուկ:

Դաս 12. Լուծե՛ք գումարման գործողություն՝ փոփոխության գործողությամբ անհայտ մաթեմատիկական պատմությամբ՝ օգտագործելով 5-խմբանի քարտեր:

91

## Կարդացե՛ք

Սամին ուներ 6 նապաստակ։ Նրանցից մեկը ձագեր ունեցավ։ Այժմ նա ունի 10 նապաստակ։

Քանի՞ ձագ է ծնվել։

Նկարե՛ք ցույց տալու համար, ինչպես գիտեք։ Գրե՛ք թվային զույգ և թվային նախադասություն՝ նկարին համապատասխան։

## Նկարե՛ք

# Գրե՛ք

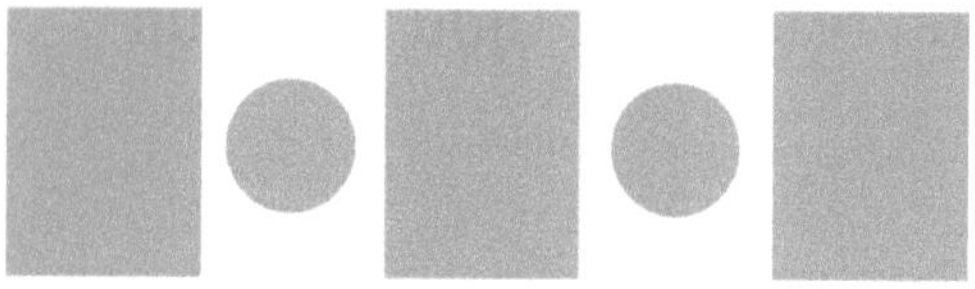

Ծնվեցին ⬜ ձագ նապաստակներ:

ՄԻԿՎՈՐՆԵՐԻ ՊԱՏՄՈՒԹՅՈՒՆ          Դաս 13 Խնդիրներ   1•1

Անուն _____   Ամսաթիվ _____

Ընկերոջդ հետ կազմե՛ք պատմություն յուրաքանչյուր թվային նախադասության համար ստորև: Նկարե՛ք նկար ցույց տալու համար: Գրե՛ք թվային զույգ՝ պատմությանը համապատասխան:

1.  6 + 2 = ☐

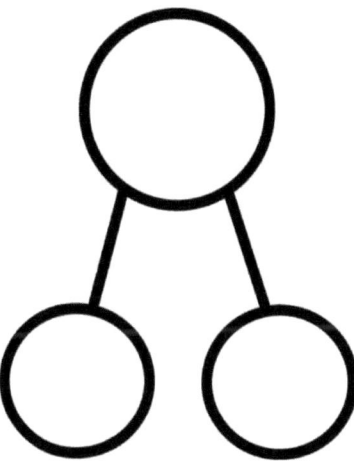

___

2.  5 + 5 = ☐

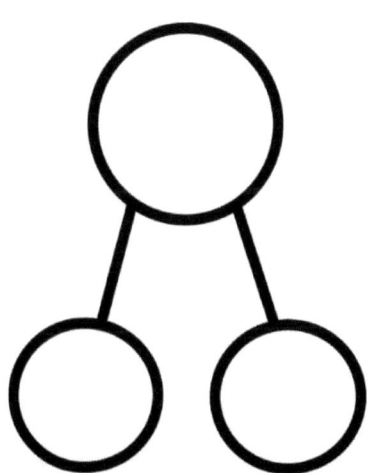

3. $5 + \square = 7$

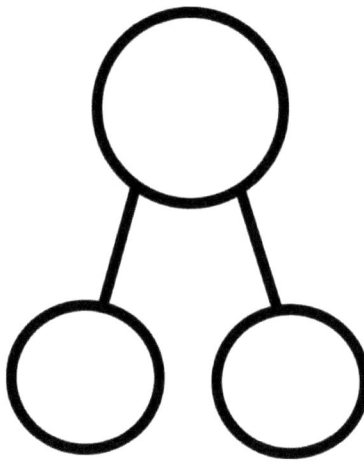

4. $6 + \square = 10$

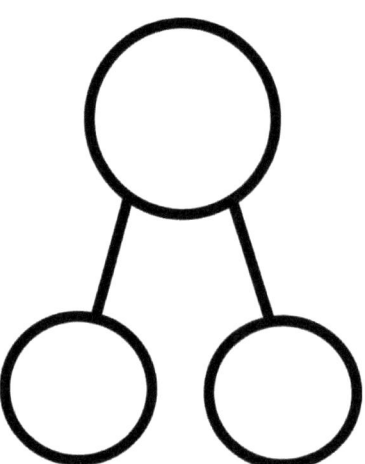

ՄԻԱՎՈՐՆԵՐԻ ՊԱՏՄՈՒԹՅՈՒՆ Lesson 13 Ստուգողական աշխատանք 1•1

Անուն ______________________ Ամսաթիվ ______________

Պատմեք մաթեմատիկական պատմություն յուրաքանչյուր թվային նախադասության համար՝ նկար նկարելով:

1. 5 + 1 = 6

2. 3 + ? = 8

Lesson 13. Ասա, իրար միացրու անհայտ արդյունքով, , գումարման գործողությունները և, փոփոխության գործողությամբ անհայտ պատմությունները և հավասարումները:

ՄԻԱՎՈՐՆԵՐԻ ՊԱՏՄՈՒԹՅՈՒՆ Դաս 14 Գործնական խնդիր 1•1

## Կարդացե՛ք

Բեթը գնաց խնձոր քաղելու: Նա քաղեց 7 խնձոր և դրեց դրանք իր զամբյուղի մեջ: Եվս երկու խնձոր ծառից ընկան ուղիղ իր զամբյուղի մեջ: Քանի՞ խնձոր ունի նա իր զամբյուղում հիմա:

Նկարե՛ք մաթեմատիկական նկար և գրեք թվային զույգ և թվային արտահայտություն՝ պատմությանը համապատասխան:

## Նկարե՛ք

Դաս 14. Հաշվե՛ք մինչև ևս 3-ը՝ օգտագործելով թիվ և 5-խմբանի քարտեր և մատներ՝ փոփոխություններին հետևելու համար: 99

ՄԻԱՎՈՐՆԵՐԻ ՊԱՏՄՈՒԹՅՈՒՆ Դաս 14 Գործնական խնդիր 1•1

# Գրե՛ք

Բեթն ունի խնձոր իր զամբյուղում:

Անուն ______________________ Ամսաթիվ ______________

1. Շարունակե՛ք հաշվել գումարելով:

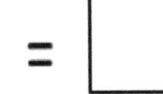

☐ + ☐ = ☐ Ընդհանուր կա _____ ծաղիկ:

2.

☐ = ☐ + ☐ Ընդհանուր կա _____ նարինջ:

3.

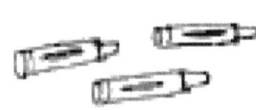

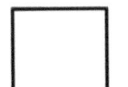

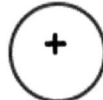

☐ = ☐ + ☐ Ընդհանուր կա _____ գունավոր մատիտ:

ՄԻԱՎՈՐՆԵՐԻ ՊԱՏՄՈՒԹՅՈՒՆ Դաս 14 Խնդիրներ 1•1

4. Օգտագործե՛ք Ձեր 5-խմբանի քարտերը՝ շարունակելով գումարել: Փորձե՛ք օգտագործել որքան հնարավոր է քիչ կետերով քարտեր:

a. $6 + 1 = \square$

b. $6 + 3 = \square$

c. $7 + 2 = \square$

d. $\square = 5 + 3$

5. Օգտագործեք 5-խմբանի քարտեր, Ձեր մատները կամ Ձեզ հայտնի փաստերը՝ շարունակելով գումարելը:

a. $8 + 2 = \square$

b. $\square = 4 + 1$

c. $4 + 3 = \square$

d. $\square = 6 + 3$

EUREKA MATH

Անուն ______________________________ Ամսաթիվ ______________

1.

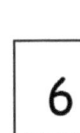

6

6 + 2 = ☐

Ես հաշվեցի ընդհանուր _______ գլխարկները:

2. Շարունակե՛ք հաշվել՝ լուծելով թվային արտահայտություններ:

a.

7 + 3 = ☐

b.

8 + 2 = ☐

Դաս 14. Հաշվե՛ք մինչև ևս 3-ը՝ օգտագործելով թիվ և 5-խմբանի քարտեր և մատներ՝ փոփոխություններին հետևելու համար:

## Կարդացե՛ք

Ջոշուան և Ռեբեկան ուտում էին չամիչ։ Ջոշուան ուներ 7 չամիչ և վերցրեց ևս 2 տուփից։ Ռեբեկան ուներ 9 չամիչ և վերցրեց ևս 2-ը տուփից։

Ո՞ւմ մոտ էին չամիչները շատ՝ Ջոշուայի, թե՞ Ռեբեկայի։

Նկարե՛ք մաթեմատիկական նկար և գրեք թվային զույգ կամ թվային արտահայտություն՝ ցույց տալով, ինչ գիտեք։

## Նկարե՛ք

ՄԻԱՎՈՐՆԵՐԻ ՊԱՏՄՈՒԹՅՈՒՆ Դաս 15 Գործնական խնդիր 1•1

# Գրե՛ք

106 Դաս 15. Հաշվե՛ք մինչև 3-ը՝ օգտագործելով թիվ և 5-խմբանի քարտեր և մատներ՝ փոփոխություններին հետևելու համար:

Անուն _____ Ամսաթիվ _____

1. Շարունակեք հաշվել `գումարելով:

ա.

    Ընդհանուր կա ____ գունավոր մատիտ:

բ.

    Ընդհանուր կա ____ փուչիկ:

գ.
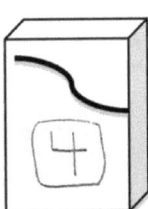 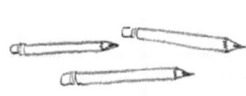

  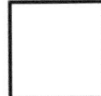  Ընդհանուր կա ____ մատիտ.

2. Ի՞նչ կարճ ճանապարհ կամ արդյունավետ ռազմավարություն կարող եք գտնել՝ գումարելու համար:

a. 4 + 1 = ☐

b. 4 + 3 = ☐

c. 7 + 1 = ☐

d. ☐ = 6 + 2

e. ☐ = 5 + 3

f. ☐ = 3 + 6

g. ☐ = 3 + 7

h. 2 + 5 = ☐

i. 7 + 2 = ☐

j. 7 + 3 = ☐

k. ☐ = 4 + 2

l. ☐ = 2 + 5

m. ☐ = 6 + 2

n. ☐ = 2 + 8

108 Դաս 15. Հաշվե՛ք մինչև ևս 3-ը՝ օգտագործելով թիվ և 5-խմբանի քարտեր և մատներ՝ փոփոխություններին հետևելու համար:

EUREKA MATH

Անուն ________________________ Ամսաթիվ ______________

Օգտագործեք նկար՝ գումարելու համար:

☐ + ☐ = ☐

Ցույց տվե՛ք կարճ ճանապարհը, որն օգտագործել եք գումարելու համար:

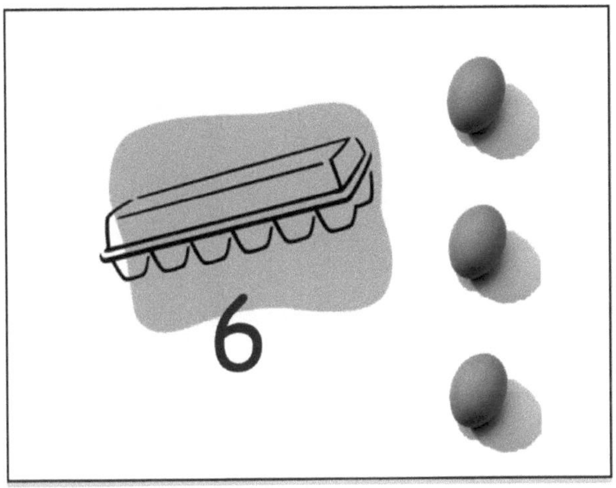

Ընդամենը կա _____ ձու:

EUREKA MATH Դաս 15. Հաշվե՛ք մինչև ևս 3-ը՝ օգտագործելով թիվ և 5-խմբանի քարտեր և մատներ՝ փոփոխություններին հետևելու համար: 109

## Կարդացե՛ք

Կանգնած վիճակում կային 10 բոուլինգի քարեր։ Ֆինը գցեց մի քանի բոուլինգի քար, իսկ 7-ը դեռ կանգնած վիճակում էին։ Քանի՞սն է նա գցել։

Օգտագործե՛ք պարզ թվային գծապատկեր՝ ցույց տալու համար, թե ինչ եք արել լուծման համար։ Գրե՛ք թվային արտահայտություն վանդակով՝ ցույց տալու համար խորհրդավոր կամ անհայտ թիվը։

## Նկարե՛ք

ՄԻԱՎՈՐՆԵՐԻ ՊԱՏՄՈՒԹՅՈՒՆ    Դաս 16 Գործնական խնդիր

# Գրե՛ք

_____

_____

_____

Դաս 16.   Շարունակե՛ք հաշվել՝ գտնելու համար անհայտ մասը գումարման հավասարման մեջ, օրինակ՝ 6 + __ = 9: Պատասխանե՛ք, «Որքա՞ն պետք է ավելացնել՝ ստանալու համար 6, 7, 8, 9 և 10»:

ՄԻԱՎՈՐՆԵՐԻ ՊԱՏՄՈՒԹՅՈՒՆ | Դաս 16 Խնդիրներ | 1•1

Անուն _____ Ամսաթիվ _____

1. Նկարե՛ք ավելի շատ խնձորներ, որպեսզի լուծեք հետևյալը՝ 4 + ? = 6:

$\boxed{4}\ (+)\ \boxed{\phantom{0}}\ =\ \boxed{6}$

Ծառին ավելացրեցի ____ խնձոր:

2. Որքա՞ն է անհրաժեշտ ավելացնել՝ 7 թիվը ստանալու համար:

$\boxed{5}\ (+)\ \boxed{\phantom{0}}\ =\ \boxed{7}$

3. Որքա՞ն է անհրաժեշտ ավելացնել՝ 8 թիվը ստանալու համար:

$\boxed{6}\ (+)\ \boxed{\phantom{0}}\ =\ \boxed{8}$

4. Որքա՞ն է անհրաժեշտ ավելացնել՝ 9 թիվը ստանալու համար:

$\boxed{7}\ (+)\ \boxed{\phantom{0}}\ =\ \boxed{9}$

Դաս 16. Շարունակե՛ք հաշվել՝ գտնելու համար անհայտ մասը գումարման հավասարման մեջ, օրինակ՝ 6 + __ = 9: Պատասխանե՛ք, «Որքա՞ն պետք է ավելացնել՝ ստանալու համար 6, 7, 8, 9 և 10»:

$3 + 1 = 4$ 

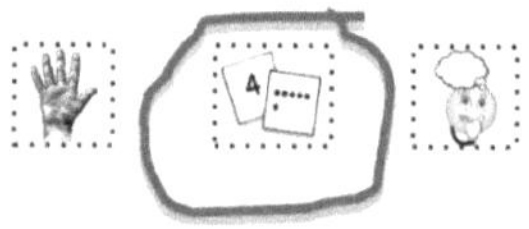

5. Շարունակեք հաշվել գումարելով: (Շրջանակի մեջ առեք) այն ռազմավարությունը, որին հետևել եք:

a. $4 + \square = 5$ 

b. $4 + \square = 7$ 

c. $8 = 5 + \square$ 

d. $10 = \square + 8$ 

e. $7 + \square = 8$ 

f. $\square + 5 = 7$ 

g. $8 = 6 + \square$ 

h. $10 = \square + 7$ 

Դաս 16. Շարունակե՛ք հաշվել՝ գտնելու համար անհայտ մասը գումարման հավասարման մեջ, օրինակ՝ 6 + __ = 9: Պատասխանե՛ք, «Որքա՞ն պետք է ավելացնել՝ ստանալու համար 6, 7, 8, 9 և 10»:

Անուն ______________________________ Ամսաթիվ ______________

Լուծեք թվային արտահայտությունները: (Շրջանակի մեջ առեք) գործիքը կամ ռազմավարությունը, որը դուք օգտագործել եք:

a. 5 + ☐ = 7

Ես հաշվեցի՝ օգտագործելով

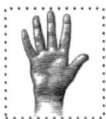

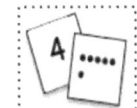

կամ

Ես պարզապես գիտեի

---

b. 6 + ☐ = 9

Ես հաշվեցի՝ օգտագործելով

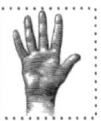

կամ

Ես պարզապես գիտեի

Դաս 16. Շարունակե՛ք հաշվել՝ գտնելու համար անհայտ մասը գումարման հավասարման մեջ, օրինակ՝ 6 + __ = 9: Պատասխանե՛ք, «Որքա՞ն պետք է ավելացնել՝ ստանալու համար 6, 7, 8, 9 և 10»:

## Կարդացե՛ք

Խաղահրապարակում կա 10 ճոճանակ, և 7 աշակերտ ճոճվում են ճոճանակով։ Քանի՞ ճոճանակ է դատարկ։

Նկարե՛ք նկար և գրեք թվային արտահայտություն՝ ցուցադրելով Ձեր մտածելակերպը։ Օգտագործեք նախադասություն վերջում՝ պատասխանելու այսօրվա հարցին՝ քանի՞ ճոճանակ է դատարկ։

## Նկարե՛ք

# Գրե՛ք

ՄԻԱՎՈՐՆԵՐԻ ՊԱՏՄՈՒԹՅՈՒՆ    Դաս 17 Խնդիրներ   1•1

Անուն _____    Ամսաթիվ _____

Գրե՛ք արտահայտություն, որը համապատասխանում է յուրաքանչյուր ամանի խմբերին: Եթե ամաններն ունեն նույն քանակությամբ մրգեր, ապա դրե՛ք հավասարման նշան արտահայտությունների միջև:

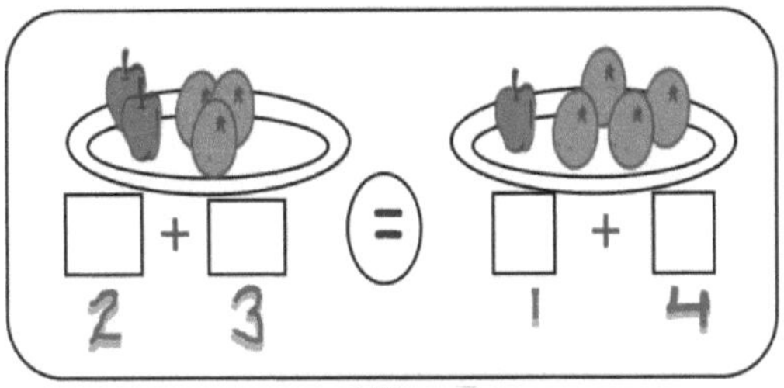

☐ + ☐ ◯ ☐ + ☐
 2   3       1   4

1. ☐ + ☐ ◯ ☐ + ☐

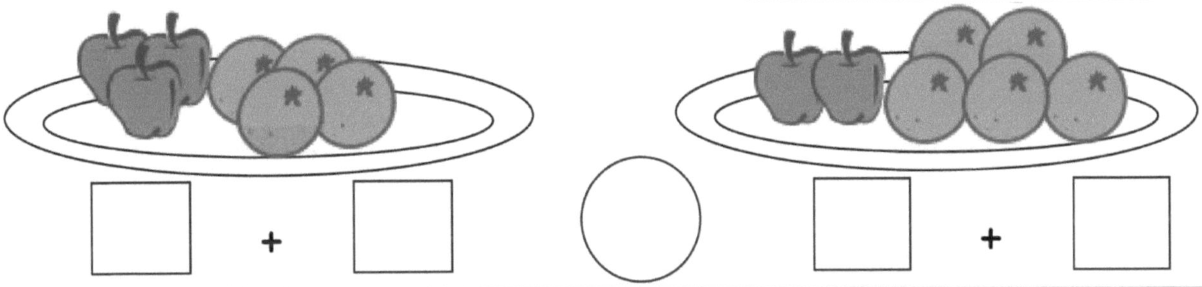

2. ☐ + ☐ ◯ ☐ + ☐

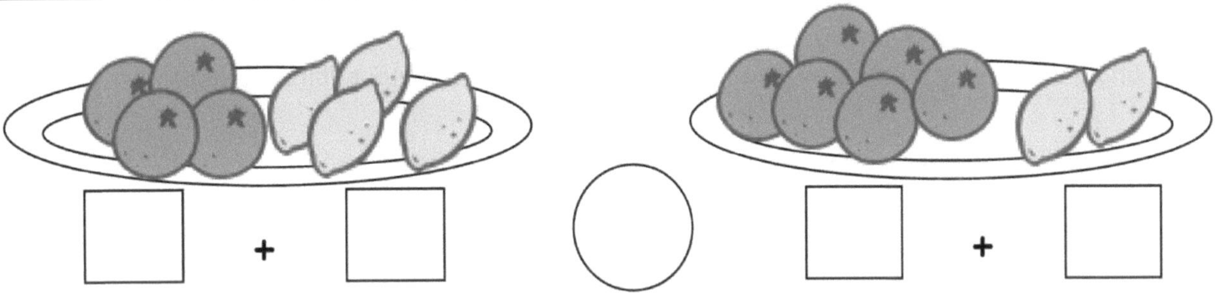

3. ☐ + ☐ ◯ ☐ + ☐

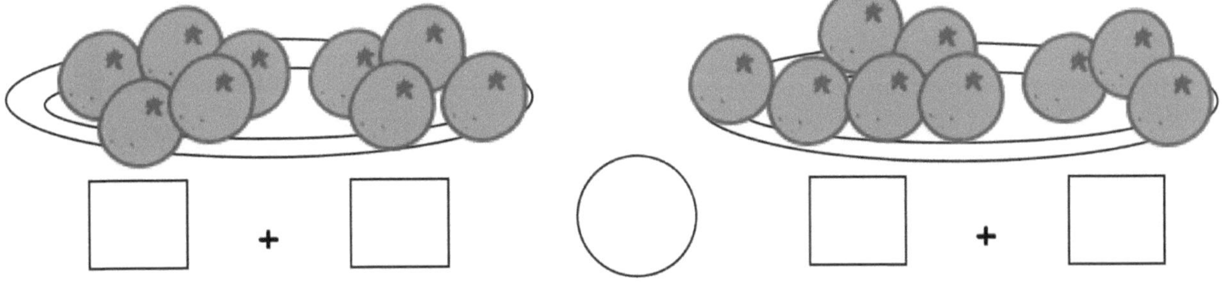

4. ☐ + ☐ ◯ ☐ + ☐

Դաս 17.  Հասկացե՛ք հավասարման նշանի իմաստը՝ գուցավորելով համարժեք արտահայտությունները և կազմելով ճիշտ թվով արտահայտություններ:

119

ՄԻԱՎՈՐՆԵՐԻ ՊԱՏՄՈՒԹՅՈՒՆ   Դաս 17 Խնդիրներ   1•1

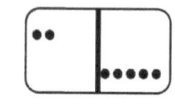

5. Գրեք արտահայտություն միացնելու համար յուրաքանչյուր դոմինո՝

2+5

a. 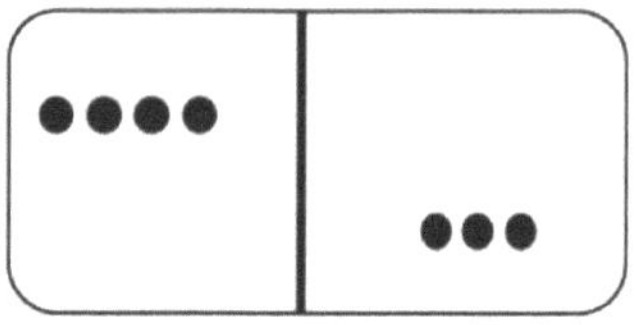 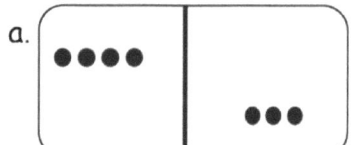   b. 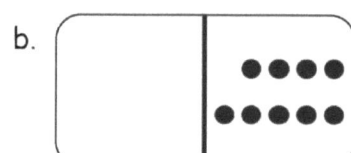   c.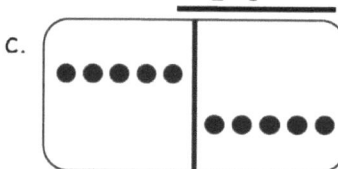

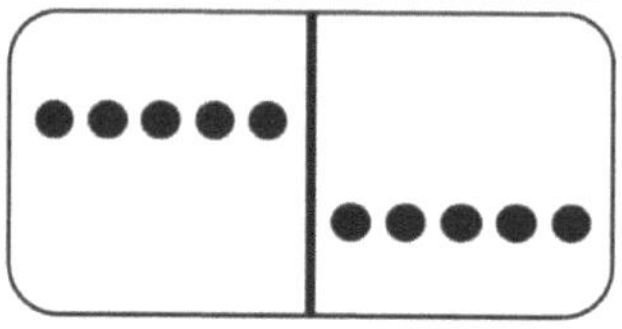

_____   _____   _____

d. 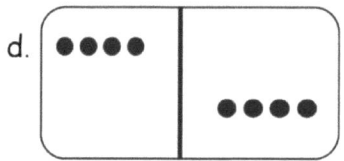   e. 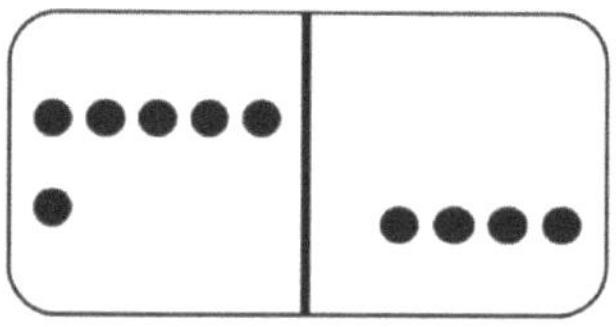 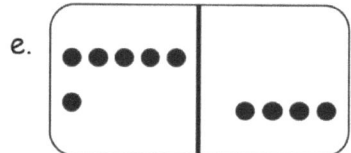   f.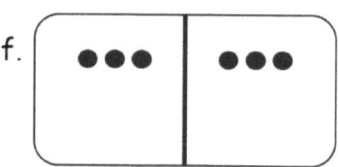

_____   _____   _____

g. Գտեք (ա) - (զ) արտահայտությունների երկու հավաքածու, որոնք հավասար են: Ստորև միացրեք դրանք = իրական թվային նախադասություններ կազմելու համար:

_____   _____

6. a. 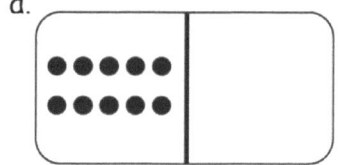   b. 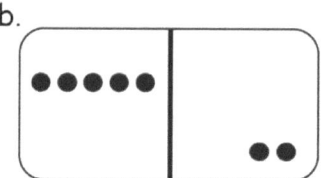   c.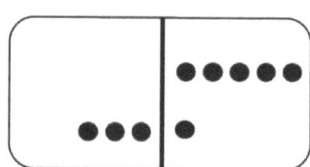

_____   _____   _____

d. 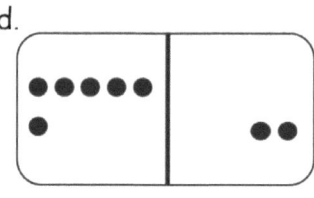   e. 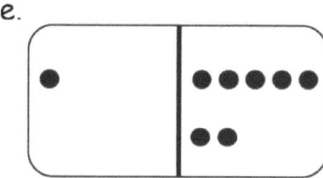   f.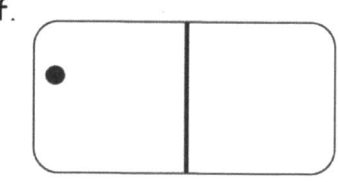

_____   _____   _____

g. Գտեք (ա) - (զ) արտահայտությունների երկու հավաքածու, որոնք հավասար են: Միացրեք իրար ստորև = նշանով ճիշտ թվային արտահայտություն ստանալու համար:

_____   _____

ՄԻԱՎՈՐՆԵՐԻ ՊԱՏՄՈՒԹՅՈՒՆ Դաս 17 Ստուգողական աշխատանք 1•1

Անուն ____________________ Ամսաթիվ ____________

1. Օգտագործե՛ք մաթեմատիկական գծագիր՝ նկարները հավասարեցնելու համար: Միացրե՛ք իրար ստորև = նշանով իրական թվային արտահայտություններ ստանալու համար:

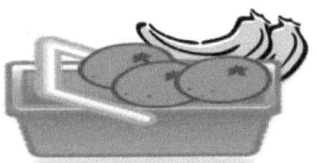

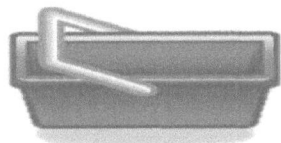

____________________ ____________________

2. Ներկե՛ք հավասար դոմինոները: Գրե՛ք ճիշտ թվային արտահայտություն:

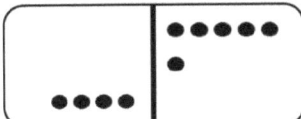

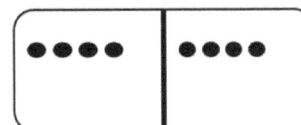

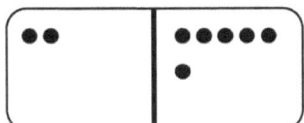

____________________ ____________________

## Կարդացե՛ք

Դիլանն ունի 4 կատու և 2 շուն տանը: Լաուրան ունի 1 շուն և 5 ձուկ տանը: Լաուրան ասում է, որ ինքն ու Դիլանն ունեն հավասար թվով ընտանի կենդանիներ: Դիլանը կարծում է, որ ինքն ունի ավելի շատ ընտանի կենդանիներ, քան Լաուրան: Ո՞վ է ճիշտ: Նկարե՛ք նկար, գրեք երկու թվային զույգեր և օգտագործե՛ք արտահայտություն ցույց տալու համար, թե արդյոք Դիլանը և Լաուրան ունեն հավասար թվով ընտանի կենդանիներ:

## Նկարե՛ք

ՄԻԱՎՈՐՆԵՐԻ ՊԱՏՄՈՒԹՅՈՒՆ

Դաս 18 Գործնական խնդիր 1•1

# Գրե՛ք

_____

_____

_____

Դաս 18. Հասկացե՛ք հավասարման նշանի իմաստը՝ զուգավորելով համարժեք արտահայտությունները և կազմելով ճիշտ թվով արտահայտություններ:

Անուն ______________________ Ամսաթիվ ____________

1. Գումարել: Ներկե՛ք փուչիկները, որոնք համապատասխանում են տղայի մտքի թվին: Գտե՛ք արտահայտություններ, որոնք հավասար են: Միացրե՛ք իրար ստորև = նշանով ճիշտ թվային արտահայտություն ստանալու համար:

ա.

______________________

բ.

______________________

EUREKA MATH

2. Այս թվային արտահայտությունները ճի՞շտ են: ✓ եթե ճիշտ է: ✗ եթե սխալ է:

Եթե սխալ է, նորից գրե՛ք թվային արտահայտությունը՝ այն ճիշտ դարձնելու համար:

a. 3 + 1 = 2 + 2 ☐

___

b. 9 + 1 = 1 + 2 ☐

___

c. 2 + 3 = 1 + 4 ☐

___

d. 5 + 1 = 4 + 2 ☐

___

e. 4 + 3 = 3 + 5 ☐

___

f. 0 + 10 = 2 + 8 ☐

___

g. 6 + 3 = 4 + 5 ☐

___

h. 3 + 7 = 2 + 6 ☐

___

3. Գրե՛ք թիվ արտահայտության մեջ և լուծե՛ք: ✓ եթե ճիշտ է: ✗ եթե սխալ է:

a. 1 + ___ = 3 + 2 ☐

b. ___ + 4 = 2 + 5 ☐

c. ___ + 5 = 6 + ___ ☐

d. 7 + ___ = 8 + ___ ☐

Անուն ______________________________ Ամսաթիվ ______________

Գտե՛ք երկու եղանակ՝ թվային արտահայտություններն ուղղելու համար:

a. $7 + 3 = 6 + 2$

7 + 3 = 6 + 4

______ ______

______ ______

b. $8 + 1 = 3 + 5$

______ ______

______ ______

Դաս 4. Հասկացե՛ք հավասարման նշանի իմաստը՝ զուգավորելով համարժեք արտահայտությունները և կազմելով ճիշտ թվով արտահայտություններ:.

## Կարդացե՛ք

Դիլանն ունի 4 կատու և 2 շուն տանը: Սեմին ունի 1 մայր նապաստակ և 6 ձագ նապաստակ տանը:

Թվային զույգ կազմեք՝ ցույց տալու համար ընտանի կենդանիների ընդանուր թիվը յուրաքանչյուր տանը: Պարզաբանե՛ք, թե երկու ընտանիքներն ունե՞ն հավասար թվով ընտանի կենդանիներ:

## Նկարե՛ք

EUREKA MATH

## Գրե՛ք

_____

_____

_____

**Դաս 19.** Ներկայացրե՛ք նույն պատմության սցենարը, որտեղ գումարելիները տեղափոխված են (տեղափոխական օրենք):

Անուն ________________________ Ամսաթիվ ______________

1. Գրե՛ք թվային զույգ՝ նկարին համապատասխան: Այնուհետև՝ լրացրե՛ք թվային արտահայտությունները:

a.

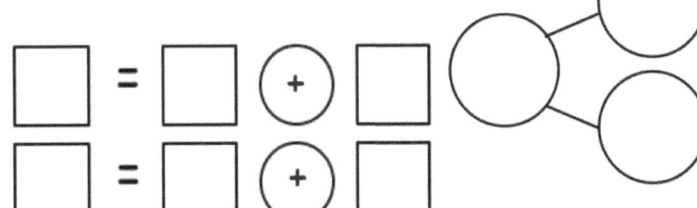

☐ + ☐ = 5 ☐ = ☐ + ☐

☐ + ☐ = 5 ☐ = ☐ + ☐

b.

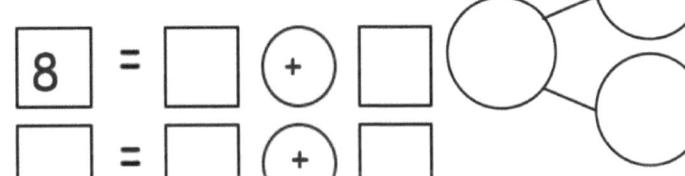

☐ + ☐ = 8 8 = ☐ + ☐

☐ + ☐ = ☐ ☐ = ☐ + ☐

c.

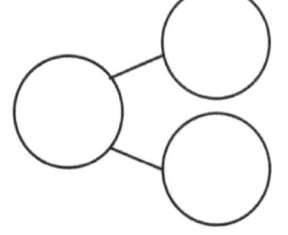

☐ + ☐ = ☐ ☐ = ☐ + ☐

☐ + ☐ = ☐ ☐ = ☐ + ☐

Գրե՛ք արտահայտություններ՝ յուրաքանչյուր ամանի տակ: Ավելացրե՛ք հավասարման նշան՝ ցույց տալու համար, որ դրանք նույն քանակով են:

2.

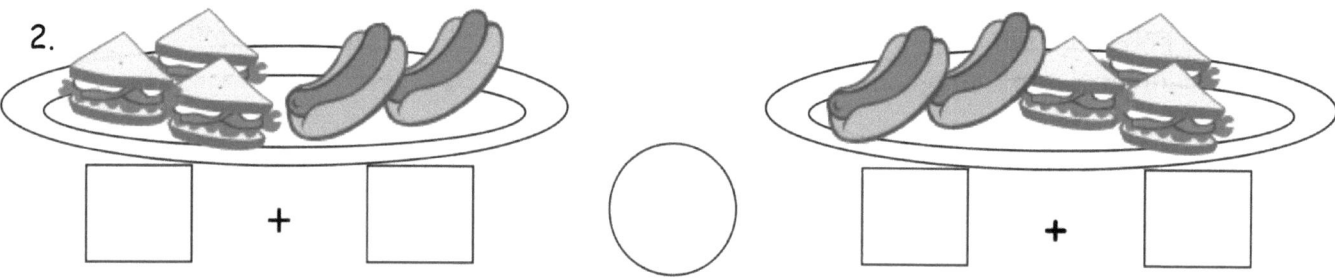

+

+

3.

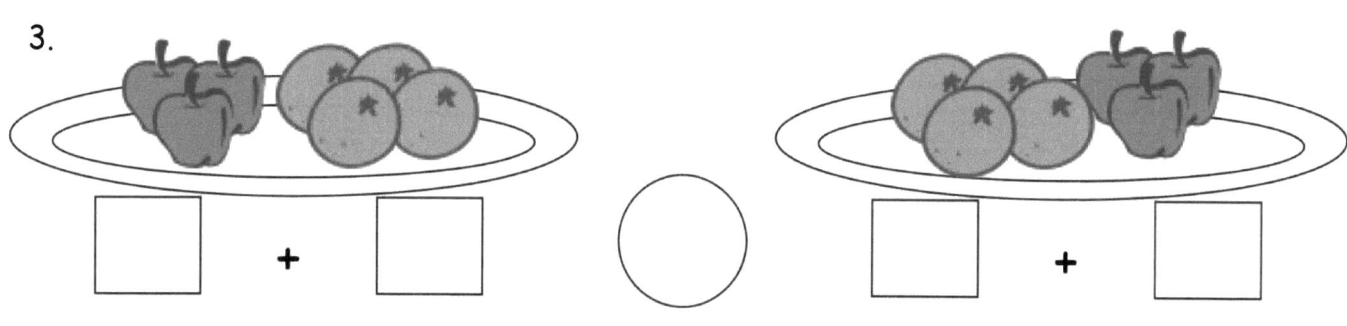

+

+

4. Նկարե՛ք՝ ցույց տալու համար արտահայտությունը:

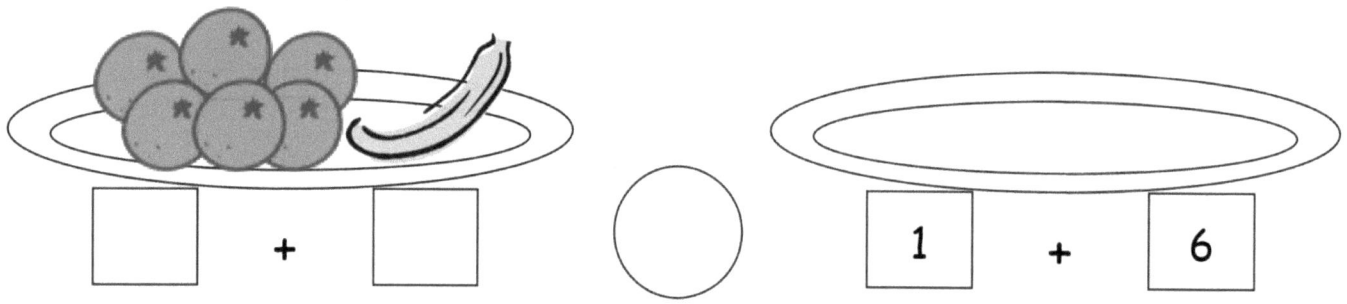

+

1 + 6

5. Նկարե՛ք և գրեք՝ ցույց տալու համար 2 արտահայտություն, որոնցում օգտագործվում են նույն թվերը և նրանք ունեն նույն ընդհանուրը:

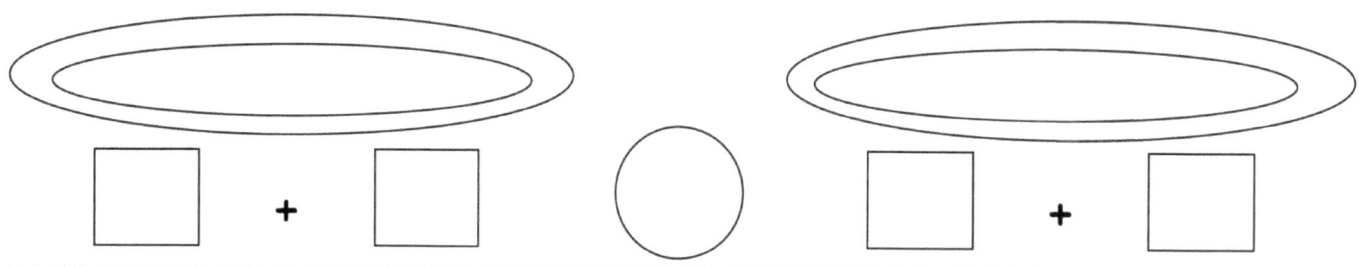

+

+

ՄԻԱՎՈՐՆԵՐԻ ՊԱՏՄՈՒԹՅՈՒՆ Դաս 19 Գնահատման թերթիկ 1•1

Անուն ______________________________ Ամսաթիվ ______________

Օգտագործե՛ք նկարը և գրե՛ք թվային արտահայտություններ՝ մասերը տարբեր հերթականությամբ ցույց տալու համար:

____ + ____ = ____ ____ = ____ + ____

____ + ____ = ____ ____ = ____ + ____

Դաս 19. Ներկայացրե՛ք նույն պատմության սցենարը, որտեղ գումարելիները տեղափոխված են (տեղափոխական օրենք): 133

## Կարդացե՛ք

Լաուրան ուներ 5 ձուկ: Նրա մայրիկը նրան տվեց ևս 1-ը: Լաուրայի եղբայր Ֆրանկն ուներ
1 ձուկ: Նրա մայրիկը տվեց Ֆրանկին ևս 5-ը: Լաուրան ճչաց. «Դա ազնիվ չէ՛: Նա ավելի շատ ձուկ ունի, քան ես»:
Օգտագործե՛ք թվային զույգեր և թվային արտահայտություն՝ Լաուրային ցույց տալու ճշմարտությունը: Եթե կարող եք, գրե՛ք արտահայտությունը բառերով, որը կօգնի Լաուրային հասկանալ:

## Նկարե՛ք

ՄԻԱՎՈՐՆԵՐԻ ՊԱՏՄՈՒԹՅՈՒՆ   Դաս 20 Գործնական խնդիր   1•1

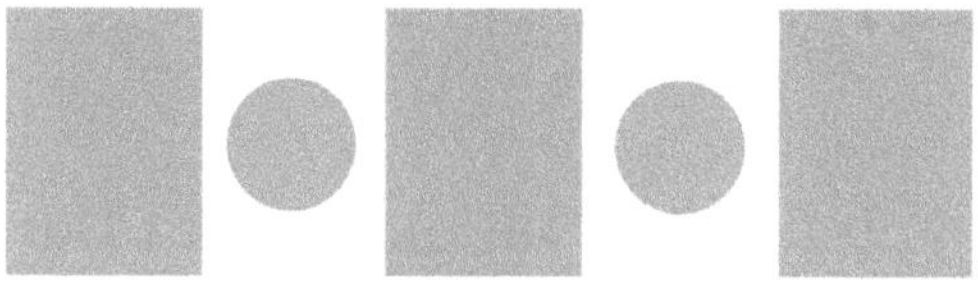

# Գրե՛ք

_____

_____

_____

| ՄԻԱՎՈՐՆԵՐԻ ՊԱՏՄՈՒԹՅՈՒՆ | Դաս 20 Խնդիրներ | 1•1 |

Անուն _____ Ամսաթիվ _____

Շրջանակի մեջ վերցրե՛ք ավելի մեծ թիվը և շարունակե՛ք հաշվել: Գրե՛ք թվային արտահայտությունը՝ սկսելով ավելի մեծ թվից:

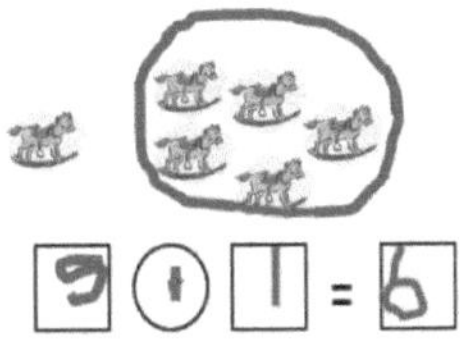

1.

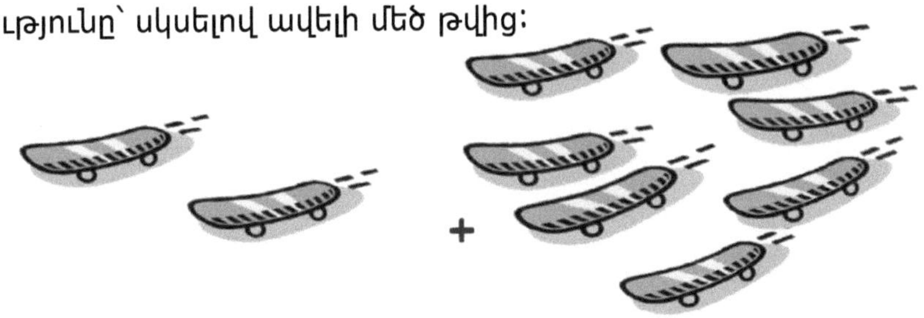

□ + □ = □

Ներկե՛ք ավելի մեծ մասը և լրացրե՛ք թվային զույգը:
Գրե՛ք թվային արտահայտությունը՝ սկսելով ավելի մեծ մասից:

2.

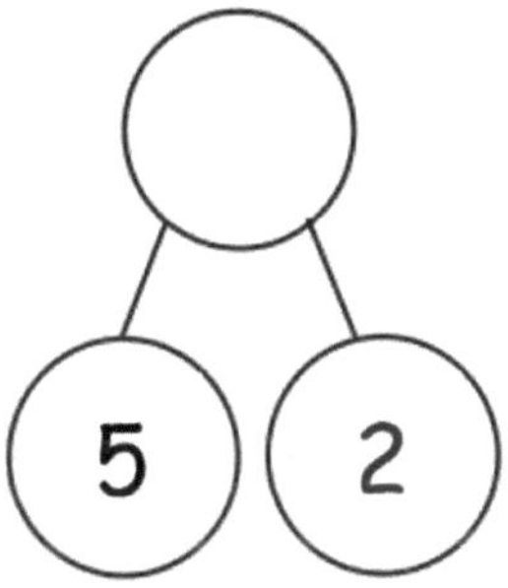

□ + □ = □

3.

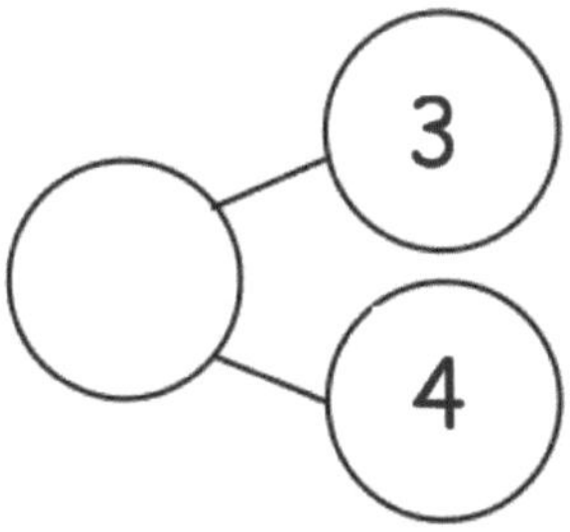

□ + □ = □

4.

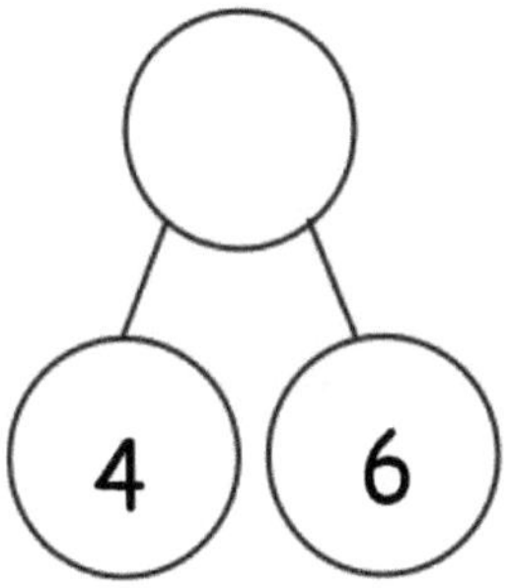

□ + □ = □

Դաս 20.  Կիրառե՛ք տեղափոխական օրենքը՝ հաշվելով ավելի մեծ գումարելիից:  137

ՄԻԱՎՈՐՆԵՐԻ ՊԱՏՄՈՒԹՅՈՒՆ Դաս 20 Խնդիրներ 1•1

Գունավորե՛ք զույգի ավելի մեծ մասը: Շարունակե՛ք հաշվել այդ մասից՝ գտնելու համար ընդհանուրը և լրացրեք թվային զույգը: Լրացրե՛ք առաջին թվային արտահայտությունը և նորից գրե՛ք թվային արտահայտությունը՝ սկսելով ավելի մեծ մասից:

5.

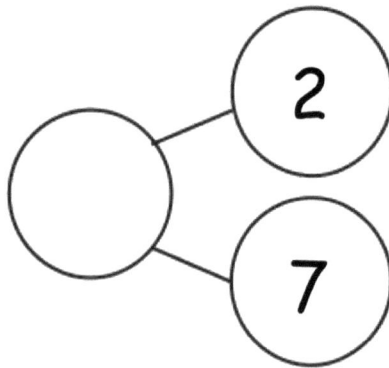

2

2 + ☐ = ☐

☐ + ☐ = ☐

6.

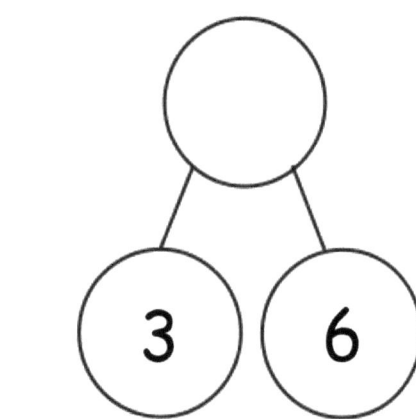

3 + ☐ = ☐

☐ + ☐ = ☐

Շրջանակի մեջ վերցրե՛ք ավելի մեծ թիվը և շարունակե՛ք հաշվել:

7. 1 + 5 = ______

8. 2 + 6 = ______

9. 4 + 3 = ______

10. 3 + 6 = ______

ՄԻԱՎՈՐՆԵՐԻ ՊԱՏՄՈՒԹՅՈՒՆ    Դաս 20 Խնդիրներ   1•1

Անուն _____    Ամսաթիվ _____

Շրջանակի մեջ վերցրե՛ք ավելի մեծ մասը և լրացրեք թվային զույգը։ Գրե՛ք թվային արտահայտությունը՝ սկսելով ավելի մեծ մասից։

a.
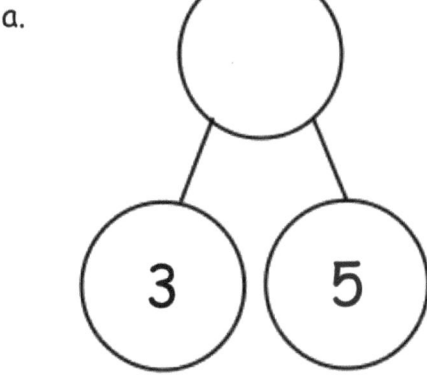

b.
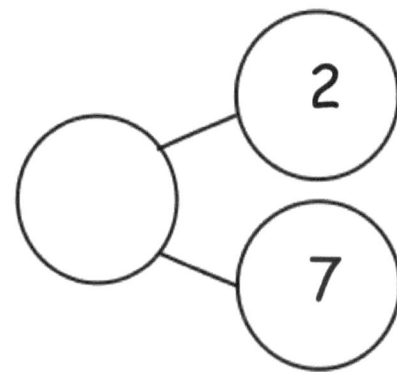

## Կարդացե՛ք

Ձորդանի ձեռքին կա 3 մատիտներով տուփ: Նրա ուսուցիչը նրան տվեց և 4 մատիտ իր տուփի համար: Քանի՞ մատիտ կլինի տուփում:

Գրե՛ք թվային զույգ, թվային արտահայտություն և պնդում՝ ցույց տալու համար լուծումը:

## Նկարե՛ք

## Գրե՛ք

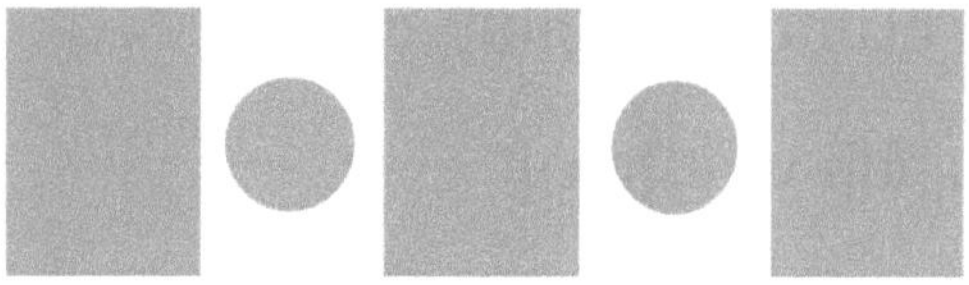

_____

_____

_____

Անուն _____ Ամսաթիվ _____

Ավելացրե՛ք թվերը քարտերի զույգերին։։ Գրե՛ք թվային արտահայտություններ։ Ներկե՛ք նույն թվերից կազմված զույգերը կարմիր։ Ներկե՛ք նույն թվերից կազմված զույգերը գումարած 1՝ կապույտ։

1. 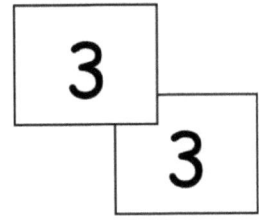 _____

2. 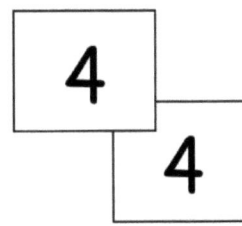 _____

3. 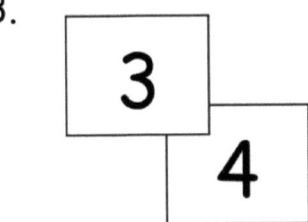 _____

4. 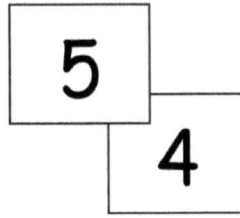 _____

Լուծեք: Որպես օգնություն՝ օգտագործե՛ք Ձեր նույն թվերից կազմված զույգերը։ Նկարե՛ք և գրեք նույն թվերի կազմված զույգը, որն օգնեց:

5. $5 + 4 = \square$   ○○○○○
   ○○○○○    _____

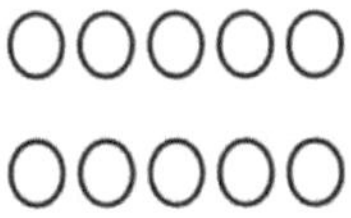

6. $4 + 3 = \square$   ○○○○○
   ○○○○○    _____

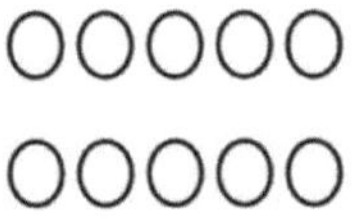

ՄԻԱՎՈՐՆԵՐԻ ՊԱՏՄՈՒԹՅՈՒՆ                     Դաս 21 Խնդիրներ  1•1

7. Լուծե՛ք նույն թվերի զույգերը և նույն թվերի զույգ գումարած 1 թվային արտահայտությունները։

   ա. 0 + 0 = ☐          0 + 1 = ☐

   բ. 2 + 2 = ☐          2 + 3 = ☐

   գ. 3 + 3 = ☐          3 + 4 = ☐

   դ. 4 + 4 = ☐          4 + 5 = ☐

   ե. 3 + ☐ = 6          3 + ☐ = 7

   զ. 5 + ☐ = 10         4 + ☐ = 9

8. Ցույց տվեք, թե ինչպես կարող է այս ռազմավարությունն օգնել Ձեզ լուծման մեջ 5 + 6 = ☐

9. Գրե՛ք 4 կապակցված գումարման գործողությունների բազմություն 7(դ) խնդրի թվային արտահայտությունների համար։

ՄԻԱՎՈՐՆԵՐԻ ՊԱՏՄՈՒԹՅՈՒՆ   Դաս 21 Գնահատման թերթիկ   1•1

Անուն _____   Ամսաթիվ _____

Գրեք նույն թվով զույգով և նույն թվով զույգ գումարած 1 թվային արտահայտություն 5-ական խմբի քարտերից յուրաքանչյուրի համար։

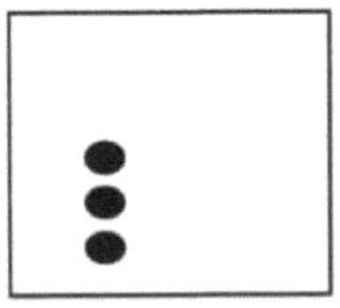

| ⋮ | 4 | 5 |

_____    _____    _____

_____    _____    _____

Դաս 21.   Մտապատկերե՛ք և լուծեք նույն թվերի զույգ թվերը և նույն թվերի զույգ թվեր գումարած 1՝ 5-խմբանի քարտերով։   145

| | | | | | | | | | |
|---|---|---|---|---|---|---|---|---|---|
| 1 + 0 | 1 + 1 | 1 + 2 | 1 + 3 | 1 + 4 | 1 + 5 | 1 + 6 | 1 + 7 | 1 + 8 | 1 + 9 |
| 2 + 0 | 2 + 1 | 2 + 2 | 2 + 3 | 2 + 4 | 2 + 5 | 2 + 6 | 2 + 7 | 2 + 8 | |
| 3 + 0 | 3 + 1 | 3 + 2 | 3 + 3 | 3 + 4 | 3 + 5 | 3 + 6 | 3 + 7 | | |
| 4 + 0 | 4 + 1 | 4 + 2 | 4 + 3 | 4 + 4 | 4 + 5 | 4 + 6 | | | |
| 5 + 0 | 5 + 1 | 5 + 2 | 5 + 3 | 5 + 4 | 5 + 5 | | | | |
| 6 + 0 | 6 + 1 | 6 + 2 | 6 + 3 | 6 + 4 | | | | | |
| 7 + 0 | 7 + 1 | 7 + 2 | 7 + 3 | | | | | | |
| 8 + 0 | 8 + 1 | 8 + 2 | | | | | | | |
| 9 + 0 | 9 + 1 | | | | | | | | |
| 10 + 0 | | | | | | | | | |

գումարման աղյուսակ

Դաս 21. Մտապատկերե՛ք և լուծեք նույն թվերի զույգ թվերը և նույն թվերի զույգ թվեր գումարած 1՝ 5-խմբանի քարտերով: 147

## Կարդացե՛ք

Մեյը և Քեյը զույգեր են: Ինչ Մեյը ունի, Քեյը՝ նույնպես ունի: Մեյն ունի 2 տիկնիկ: Քանի՞ տիկնիկ ունեն Մեյը և Քեյը միասին: Մեյն ունի 3 խաղալիք կենդանի: Քանի՞ խաղալիք կենդանի ունեն նրանք միասին:

Գրե՛ք թվային զույգ, թվային արտահայտություն և պնդում՝ ցույց տալու համար լուծումը:

**Լրացում:** Եթե բոլոր տիկնիկները և խաղալիք կենդանիները միասին դնենք մտացածին թեյի խնջույքն, որքա՞ն խաղալիք կլինի: Նկարե՛ք և գրե՛ք՝ բացատրելու համար Ձեր մտածելակերպը:

ՄԻԱՎՈՐՆԵՐԻ ՊԱՏՄՈՒԹՅՈՒՆ Դաս 22 Գործնական խնդիր 1•1

## Նկարե՛ք

## Գրե՛ք

150 Դաս 22. Փնտրե՛ք և կիրառե՛ք կրկնվող լոգիկա գումարման աղյուսակի վրա՝ լուծելով և վերլուծելով խնդիրներ, որոնք ունեն ընդհանուր գումարելիներ:

ՄԻԱՎՈՐՆԵՐԻ ՊԱՏՄՈՒԹՅՈՒՆ

Դաս 22 Խնդիրներ  1•1

Անուն _____  Ամսաթիվ _____

1. Օգտագործե՛ք ԿԱՐՄԻՐԸ, եթե վանդակի գումարելին 0 է: Գտե՛ք ընդհանուրը՝ յուրաքանչյուրի համար:
2. Օգտագործե՛ք ՆԱՐՆՋԱԳՈՒՅՆԸ, եթե վանդակի գումարելին 0 է: Գտե՛ք ընդհանուրը՝ յուրաքանչյուրի համար:
3. Օգտագործե՛ք ԴԵՂԻՆԸ, եթե վանդակի գումարելին 2 է: Գտե՛ք ընդհանուրը՝ յուրաքանչյուրի համար:
4. Օգտագործե՛ք ԿԱՆԱՉԸ, եթե վանդակի գումարելին 3 է: Գտե՛ք ընդհանուրը՝ յուրաքանչյուրի համար:
5. Օգտագործե՛ք ԿԱՊՈՒՅՏԸ մնացած վանդակները գունավորելու համար: Գտե՛ք ընդհանուրը՝ յուրաքանչյուրի համար:

նարնջագույն

6 + 1

7

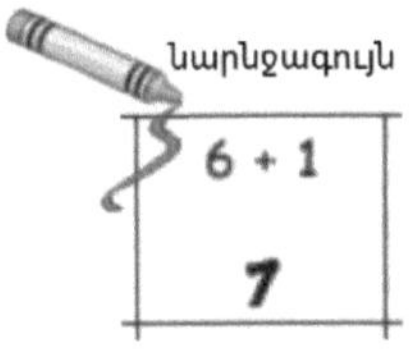

| 1 + 0 | 1 + 1 | 1 + 2 | 1 + 3 | 1 + 4 | 1 + 5 | 1 + 6 | 1 + 7 | 1 + 8 | 1 + 9 |
|---|---|---|---|---|---|---|---|---|---|
| 2 + 0 | 2 + 1 | 2 + 2 | 2 + 3 | 2 + 4 | 2 + 5 | 2 + 6 | 2 + 7 | 2 + 8 | |
| 3 + 0 | 3 + 1 | 3 + 2 | 3 + 3 | 3 + 4 | 3 + 5 | 3 + 6 | 3 + 7 | | |
| 4 + 0 | 4 + 1 | 4 + 2 | 4 + 3 | 4 + 4 | 4 + 5 | 4 + 6 | | | |
| 5 + 0 | 5 + 1 | 5 + 2 | 5 + 3 | 5 + 4 | 5 + 5 | | | | |
| 6 + 0 | 6 + 1 | 6 + 2 | 6 + 3 | 6 + 4 | | | | | |
| 7 + 0 | 7 + 1 | 7 + 2 | 7 + 3 | | | | | | |
| 8 + 0 | 8 + 1 | 8 + 2 | | | | | | | |
| 9 + 0 | 9 + 1 | | | | | | | | |
| 10 + 0 | | | | | | | | | |

Դաս 22. Փնտրե՛ք և կիրառե՛ք կրկնվող լոգիկա գումարման աղյուսակի վրա՝ լուծելով և վերլուծելով խնդիրներ, որոնք ունեն ընդհանուր գումարելիներ:

Անուն ______________________ Ամսաթիվ ______________

Այս սխեմայում որոշ գումարելիներ բաց են տողնված: Լրացրեք բաց թողնված թվերը:

| | | | | | | | | | |
|---|---|---|---|---|---|---|---|---|---|
| 1 + 0 | 1 + 1 | 1 + 2 | 1 + 3 | 1 + 4 | 1 + 5 | 1 + 6 | 1 + 7 | 1 + 8 | 1 + 9 |
| 2 + 0 | 2 + 1 | 2 + 2 | 2 + __ | 2 + 4 | 2 + 5 | 2 + 6 | 2 + 7 | 2 + 8 | |
| 3 + 0 | 3 + 1 | 3 + 2 | 3 + __ | 3 + 4 | 3 + 5 | 3 + 6 | 3 + 7 | | |
| 4 + 0 | 4 + __ | 4 + 2 | 4 + 3 | __ + 4 | __ + 5 | __ + 6 | | | |
| 5 + 0 | 5 + __ | 5 + 2 | 5 + 3 | 5 + 4 | 5 + 5 | | | | |
| 6 + 0 | 6 + __ | 6 + 2 | 6 + 3 | 6 + 4 | | | | | |
| 7 + __ | 7 + 1 | 7 + 2 | 7 + 3 | | | | | | |
| 8 + __ | 8 + 1 | 8 + 2 | | | | | | | |
| 9 + __ | 9 + 1 | | | | | | | | |
| 10 + 0 | | | | | | | | | |

Դաս 22. Փնտրե՛ք և կիրառե՛ք կրկնվող լոգիկա գումարման աղյուսակի վրա՝ լուծելով և վերլուծելով խնդիրներ, որոնք ունեն ընդհանուր գումարելիներ:

153

## Կարդացե՛ք

Ջոնն ունի 3 կպչուն թուղթ: Մարկն ունի 4 կպչուն թուղթ: Աննան ունի 5 կպչուն թուղթ: Նրանցից յուրաքանչյուրը ստանում է ևս երկու կպչուն թուղթ: Նրանցից յուրաքանչյուրը քանի՞ հատ ունի հիմա: Գրեք թվային արտահայտություն և թվային զույգ յուրաքանչյուր աշակերտի համար:

**Լրացում.** Քանի՞ կպչուն թուղթ ունեն Ջոնը, Մարկը և Աննան՝ միասին:

## Նկարե՛ք

# Գրե՛ք

_____

_____

_____

Անուն ______________________ Ամսաթիվ ______________

Կիրառե՛ք Ձեր սխեման, որ գրեք թվային արտահայտությունները ստորև:

| 10-ի ընդհանուր քանակը | 9-ի ընդհանուր քանակը | 8-ի ընդհանուր քանակը | 7-ի ընդհանուր քանակը |
|---|---|---|---|
| | | | |
| | | | |
| | | | |
| | | | |
| | | | |
| | | | |
| | | | |
| | | | |
| | | | |
| | | | |

Դ-Դաս 23. Փնտրե՛ք և կիրառել գումարման սխեմայի կառուցվածքը՝ փնտրելով և գունավորելով խնդիրները, որոնք ունեն նույն ընդհանուրը:

Անուն ______________________ Ամսաթիվ ____________

1. Շրջանակի մեջ վերցրե՛ք այն վանդակները, որոնց ընդհանուրը հավասար է 10-ի:
2. Նկարե՛ք X բոլոր այն վանդակներում, որոնց ընդհանուրը հավասար է 8-ի:

| | | | | | | | | | |
|---|---|---|---|---|---|---|---|---|---|
| 1 + 0 | 1 + 1 | 1 + 2 | 1 + 3 | 1 + 4 | 1 + 5 | 1 + 6 | 1 + 7 | 1 + 8 | 1 + 9 |
| 2 + 0 | 2 + 1 | 2 + 2 | 2 + 3 | 2 + 4 | 2 + 5 | 2 + 6 | 2 + 7 | 2 + 8 | |
| 3 + 0 | 3 + 1 | 3 + 2 | 3 + 3 | 3 + 4 | 3 + 5 | 3 + 6 | 3 + 7 | | |
| 4 + 0 | 4 + 1 | 4 + 2 | 4 + 3 | 4 + 4 | 4 + 5 | 4 + 6 | | | |
| 5 + 0 | 5 + 1 | 5 + 2 | 5 + 3 | 5 + 4 | 5 + 5 | | | | |
| 6 + 0 | 6 + 1 | 6 + 2 | 6 + 3 | 6 + 4 | | | | | |
| 7 + 0 | 7 + 1 | 7 + 2 | 7 + 3 | | | | | | |
| 8 + 0 | 8 + 1 | 8 + 2 | | | | | | | |
| 9 + 0 | 9 + 1 | | | | | | | | |
| 10 + 0 | | | | | | | | | |

Դաս 23. Փնտրե՛ք և կիրառել գումարման սխեմայի կառուցվածքը՝ փնտրելով և գունավորելով խնդիրները, որոնք ունեն նույն ընդհանուրը:

| | | | | | | | | | |
|---|---|---|---|---|---|---|---|---|---|
| 1 + 0 | 1 + 1 | 1 + 2 | 1 + 3 | 1 + 4 | 1 + 5 | 1 + 6 | 1 + 7 | 1 + 8 | 1 + 9 |
| 2 + 0 | 2 + 1 | 2 + 2 | 2 + 3 | 2 + 4 | 2 + 5 | 2 + 6 | 2 + 7 | 2 + 8 | |
| 3 + 0 | 3 + 1 | 3 + 2 | 3 + 3 | 3 + 4 | 3 + 5 | 3 + 6 | 3 + 7 | | |
| 4 + 0 | 4 + 1 | 4 + 2 | 4 + 3 | 4 + 4 | 4 + 5 | 4 + 6 | | | |
| 5 + 0 | 5 + 1 | 5 + 2 | 5 + 3 | 5 + 4 | 5 + 5 | | | | |
| 6 + 0 | 6 + 1 | 6 + 2 | 6 + 3 | 6 + 4 | | | | | |
| 7 + 0 | 7 + 1 | 7 + 2 | 7 + 3 | | | | | | |
| 8 + 0 | 8 + 1 | 8 + 2 | | | | | | | |
| 9 + 0 | 9 + 1 | | | | | | | | |
| 10 + 0 | | | | | | | | | |

գումարման սխեմա 21-րդ դասից

EUREKA MATH Դաս23. Փնտրե՛ք և կիրառել գումարման սխեմայի կառուցվածքը՝ փնտրելով և գունավորելով խնդիրները, որոնք ունեն նույն ընդհանուրը: 161

ՄԻԱՎՈՐՆԵՐԻ ՊԱՏՄՈՒԹՅՈՒՆ — Դաս 24 Գործնական խնդիր — 1•1

## Կարդացե՛ք

Ուսուցիչն ասաց Հենրիին վեցնել 8 կապող խորանարդներ։ Հենրին վերցրեց 4 կապույտ խորանարդ և 3՝ կարմիր։ Հենրին ունի՞ ճիշտ թվով կապող խորանարդներ։ Ձեր պատասխանը բացատրելու համար օգտագործեք նկարներ կամ բառեր։

## Նկարե՛ք

Դաս 24. Կրկնե՛ք, որ վարժվեք մինչև 10 թվի գործողությունների հետ։

ՄԻԱՎՈՐՆԵՐԻ ՊԱՏՄՈՒԹՅՈՒՆ  Դաս 24 Գործնական խնդիր   1•1

# Գրե՛ք

_____

_____

_____

Դաս 24.  Կրկնե՛ք, որ վարժվեք մինչև 10 թվի գործողությունների հետ։

Անուն _____ Ամսաթիվ _____

## Փոխկապակցված փաստերի սանդուղքներ

1. $2 + 1 = 3$

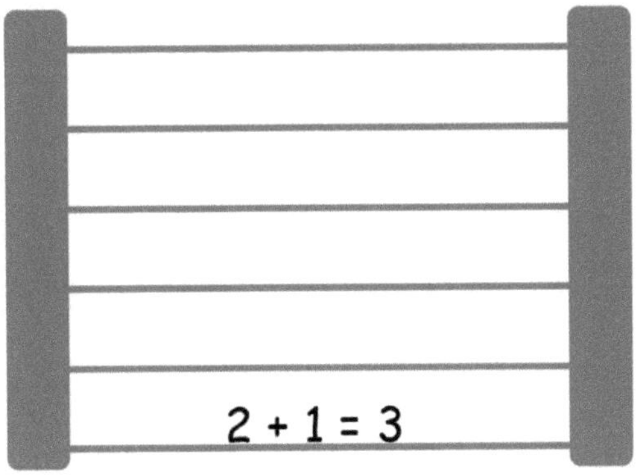

2. $4 + 1 = 5$

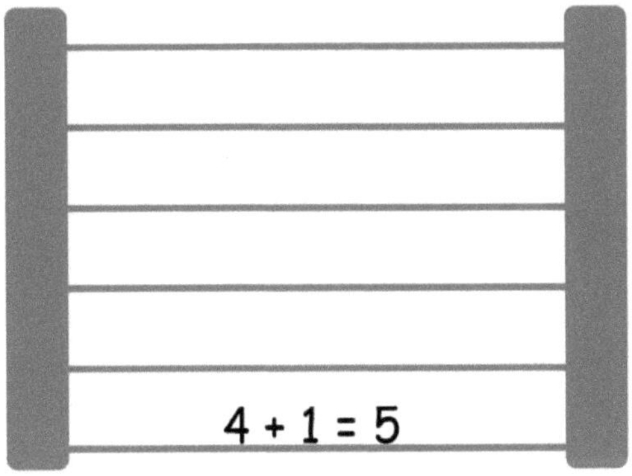

3. $5 + 5 = 10$

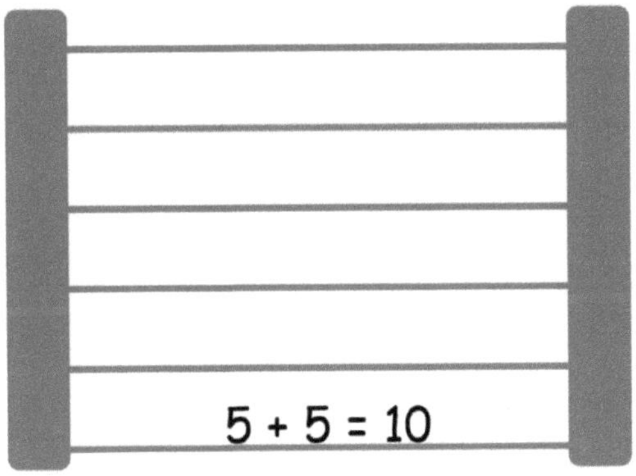

4. $3 + 4 = 7$

5. $2 + 6 = 8$

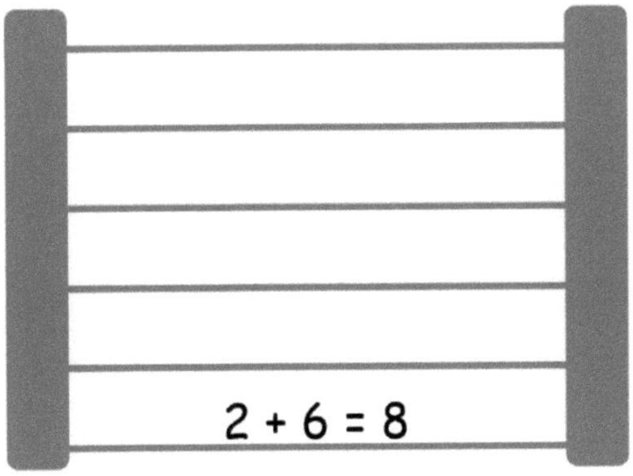

6. $7 + 3 = 10$

Անուն ______________________ Ամսաթիվ ____________

Լուծեք թվային նախադասությունները: Օգտագործեք ստեղնաշարը գունավորելու համար: Երբ վանդակը դառնա գունավոր, պետք չէ այլևս գունավորել այն նորից:

| | | |
|---|---|---|
| a. 5 + 2= _____ | b. 7 + 2 = _____ | c. 2 + 3 = _____ |
| d. 3 + 3 = _____ | e. 7 = 1 + _____ | f. 2 = 1 + _____ |
| g. _____ = 4 + 4 | h. 8 + 2 = _____ | i. 3 + 4 = _____ |
| j. _____ = 5 + 4 | k. 10 = 1 + _____ | l. 10 = 5 + ____ |

Ներկե՛ք նույն թվի զույգերը կարմիր:

Ներկե՛ք +1 կապույտ:

Ներկե՛ք +2 կանաչ:

Ներկե՛ք զույգերը +1 շագանակագույն:

*Մարտահրավեր*:

Նշե՛ք այն թվային արտահայտությունները, որոնք կարող են լրացվել 1-ից ավելի ձևով:

## Կարդացե՛ք

Թեյլորը և նրա քույր Ռեյլին յուրաքանչյուրը վերցրեցին 4 գիրք գրադարանից: Հետո Ռեյլին հետ գնաց և վերցրեց ևս մեկ գիրք: Քանի՞ գիրք ունեն Թեյլորը և Ռեյլին միասին:

Նկարե՛ք և պիտակավորեք թվային զույգ՝ ցույց տալու համար այն գրքերը, որ Թեյլորն է վերցրել և այն գրքերը, որ Ռեյլին է վերցրել: Գրե՛ք պնդում՝ Ձեր պատասխանը կիսելու համար:

# Նկարե՛ք

# Գրե՛ք

Անուն ______________________________ Ամսաթիվ ______________

Ընդհանուրը բաժանեք մասերի: Գրեք թվային զույգ և գումարման և հանման թվային արտահայտություններ՝ պատմությանը համապատասխան:

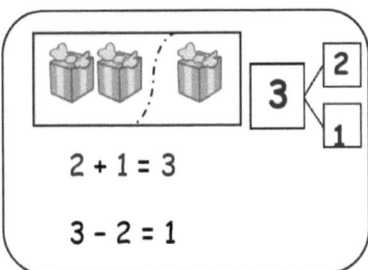

2 + 1 = 3

3 - 2 = 1

1. Ռաքելը և Լյուսին խաղում են 5 բեռնատարով: Եթե Ռաքելը խաղում է 2-ով, քանի՞ բեռնատարով է խաղում Լյուսին:

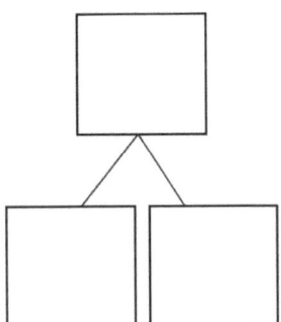

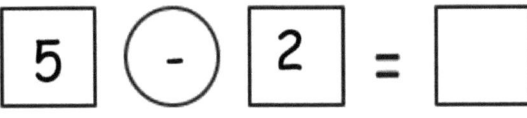

2 + ☐ = 5

5 - 2 = ☐

Լյուսին խաղում է _______ բեռնատարով:

2. Ջեյնը բռնեց 9 ձուկ: Նա բռնեց 7 ձուկ նախքան լանչ ուտելը: Քանի՞ ձուկ էր նա բռնել լանչից հետո:

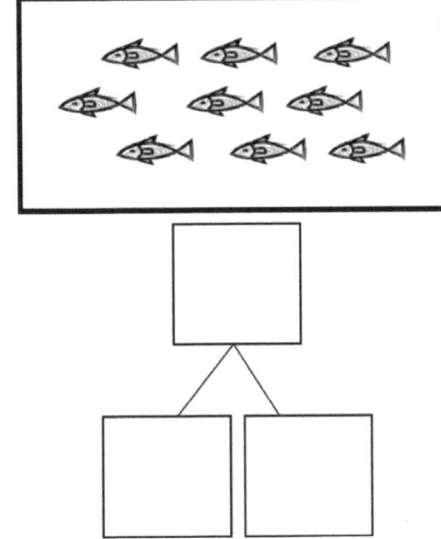

☐ + ☐ = 9

9 - ☐ = ☐

Ջեյնը բռնեց _______ ձուկ լանչից հետո:

3. Հայրիկը գնեց 6 վերնաշապիկ: Մյուս օրը նա վերադարձրեց մի քանիսը: Այժմ նա ունի 2 վերնաշապիկ: Քանի՞ վերնաշապիկ է հայրիկը վերադարձրել:

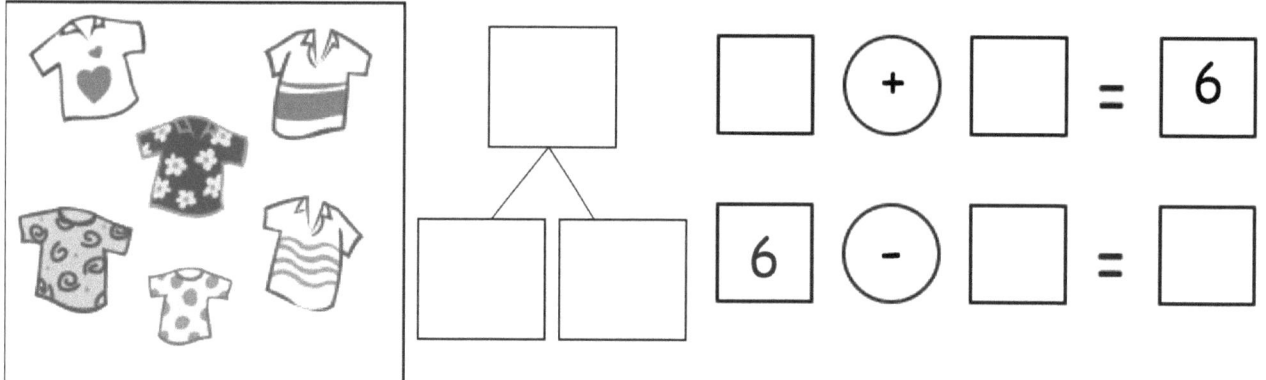

☐ + ☐ = 6

6 - ☐ = ☐

Հայրիկը վերադարձրել է _______ վերնաշապիկ:

---

4. Ջոնն ուներ 3 ելակ: Հետո նրա ընկերը նրանց ևս մի քանի միրգ տվեց: Հիմա Ջոնն ունի 7 միրգ: Քանի՞ միրգ է տվել Ջոնի ընկերը:

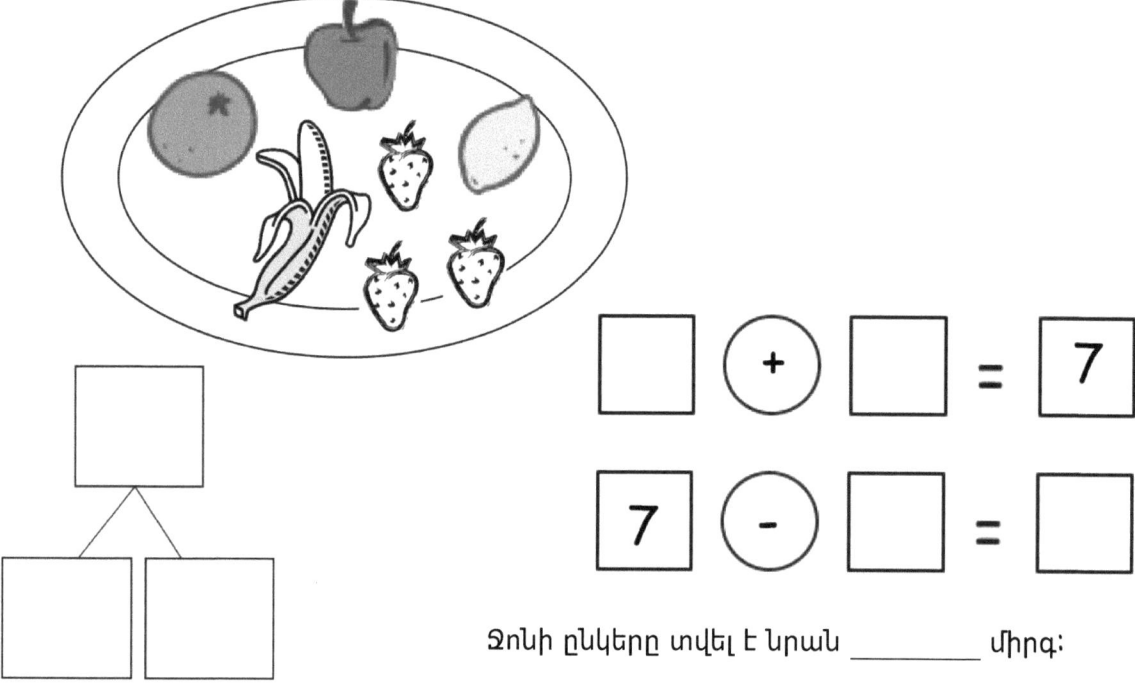

☐ + ☐ = 7

7 - ☐ = ☐

Ջոնի ընկերը տվել է նրան ________ միրգ:

Դաս 25. Լուծե՛ք *անհայտ տարբերությամբ գումարման խնդիրը* մաթեմատիկական պատմություններում գումարման լուծումներով և կապեք հանման գործողության հետ: Մոդելավորե՛ք նյութերով և գրեք համապատասխան թվային արտահայտությունները:

EUREKA MATH

ՄԻԱՎՈՐՆԵՐԻ ՊԱՏՄՈՒԹՅՈՒՆ　　　Դաս 25 Գնահատման թերթիկ　1•1

Անուն _____ Ամսաթիվ _____

Լուծե՛ք մաթեմատիկական պատմությունը: Լրացրե՛ք թվային արտահայտությունը և թվային զույգը: Գունավորե՛ք անհայտ թիվը՝ դեղին:

Ռիչը գնեց 6 բանկա սոդա երկուշաբթի օրը:
Նա ևս մի քանիսը գնեց երեքշաբթի:
Հիմա նա ունի 9 բանկա սոդա:
Քանի՞ բանկա է գնել Ռիչը երեքշաբթի օրը:

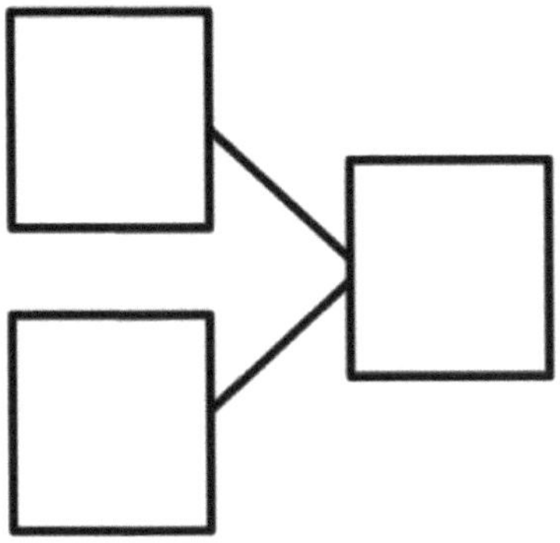

Ռիչը գնել է _____ բանկա:

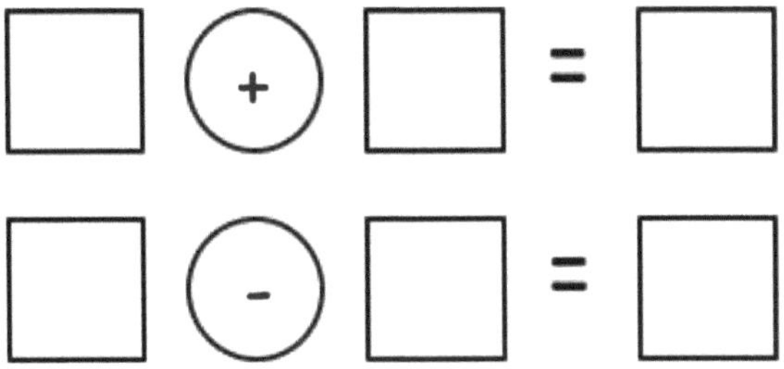

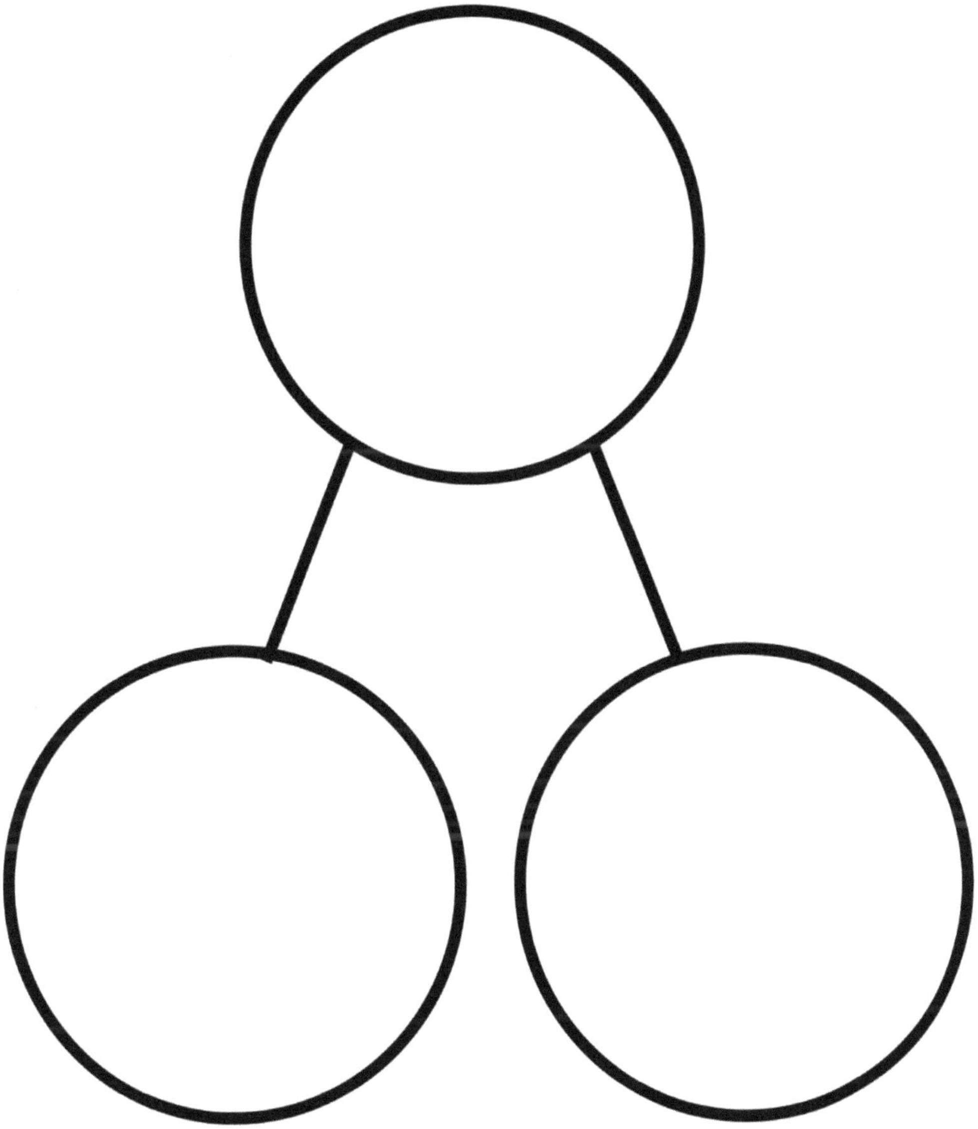

ՄԻԱՎՈՐՆԵՐԻ ՊԱՏՄՈՒԹՅՈՒՆ　　　　Դաս 25 Ձևանմուշ　1•1

թվային զույգ և թվային արտահայտություններ

Դաս 25.　Լուծե՛ք անհայտ տարբերությամբ գումարման խնդիրը մաթեմատիկական պատմություններում գումարման լուծումներով և կապեք հանման գործողության հետ: Մոդելավորե՛ք նյութերով և գրեք համապատասխան թվային արտահայտությունները:　175

ՄԻԱՎՈՐՆԵՐԻ ՊԱՏՄՈՒԹՅՈՒՆ — Դաս 26 Գործնական խնդիր 1•1

## Կարդացե՛ք

Ճաշարանում կա 5 աշակերտ։ Հետո եկան ևս մի քանիսը։ Հիմա ճաշարանում կա 7 աշակերտ։ Հետո քանի՞ աշակերտ եկավ։

Գրեք թվային զույգ՝ պատմությանը համապատասխան։ Գրե՛ք գումարման արտահայտություն և հանման արտահայտություն՝ լուծման երկու եղանակ ցույց տալու համար։ Նկարե՛ք եռանկյուն անհայտ թվի շուրջը, որը գտել եք։

# Նկարե՛ք

# Գրե՛ք

_____

_____

_____

Անուն ______________________ Ամսաթիվ ____________

Օգտագործեք թվային ճանապարհ՝ լուծելու համար:

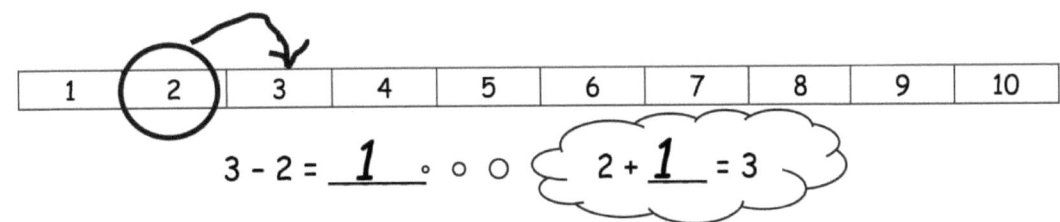

| | | | | | | | | | |
|---|---|---|---|---|---|---|---|---|---|
| 1 | 2 | 3 | 4 | 5 | 6 | 7 | 8 | 9 | 10 |

3 - 2 = 1 ∘ ○ ○ 2 + 1 = 3

1.

| | | | | | | | | | |
|---|---|---|---|---|---|---|---|---|---|
| 1 | 2 | 3 | 4 | 5 | 6 | 7 | 8 | 9 | 10 |

6 - 4 = ______ ∘ ○ ○ 4 + ______ = 6

2.

| | | | | | | | | | |
|---|---|---|---|---|---|---|---|---|---|
| 1 | 2 | 3 | 4 | 5 | 6 | 7 | 8 | 9 | 10 |

8 - 5 = ______ ∘ ○ ○ 5 + ______ = 8

3.

| | | | | | | | | | |
|---|---|---|---|---|---|---|---|---|---|
| 1 | 2 | 3 | 4 | 5 | 6 | 7 | 8 | 9 | 10 |

9 - 6 = ______ ∘ ○ ○ 6 + ______ = 9

4.

| | | | | | | | | | |
|---|---|---|---|---|---|---|---|---|---|
| 1 | 2 | 3 | 4 | 5 | 6 | 7 | 8 | 9 | 10 |

9 - 3 = ______ ∘ ○ ○ 3 + ______ = 9

Դաս 26. Շարունակե՛ք հաշվել օգտագործելով թվերի շարքը, որ գտնեք անհայտը: 179

ՄԻԱՎՈՐՆԵՐԻ ՊԱՏՄՈՒԹՅՈՒՆ  Դաս 26 Խնդիրներ  1•1

Օգտագործեք թվերի շարքը, որը կօգնի լուծմանը։

| 1 | 2 | 3 | 4 | 5 | 6 | 7 | 8 | 9 | 10 |

5. 5 - 4 = _____             4 + _____ = 5

6. 5 - 1 = _____             1 + _____ = 5

7. 7 - 5 = _____             5 + _____ = 7

8. 10 - 6 = _____            6 + _____ = 10

9. 9 - 3 = _____             3 + _____ = 9

Դաս 26.  Շարունակե՛ք հաշվել օգտագործելով թվերի շարքը, որ գտնեք անհայտը։

Անուն ______________________ Ամսաթիվ ____________

Օգտագործեք թվային ճանապարհ՝ լուծելու համար: Գրե՛ք գումարման արտահայտություն, որ օգտագործել եք լուծման համար:

| | | | | | | | | | |
|---|---|---|---|---|---|---|---|---|---|
| 1 | 2 | 3 | 4 | 5 | 6 | 7 | 8 | 9 | 10 |

ա. $7 - 5 =$ ______ ____________

բ. $9 - 2 =$ ______ ____________

գ. ______ $= 10 - 3$ ____________

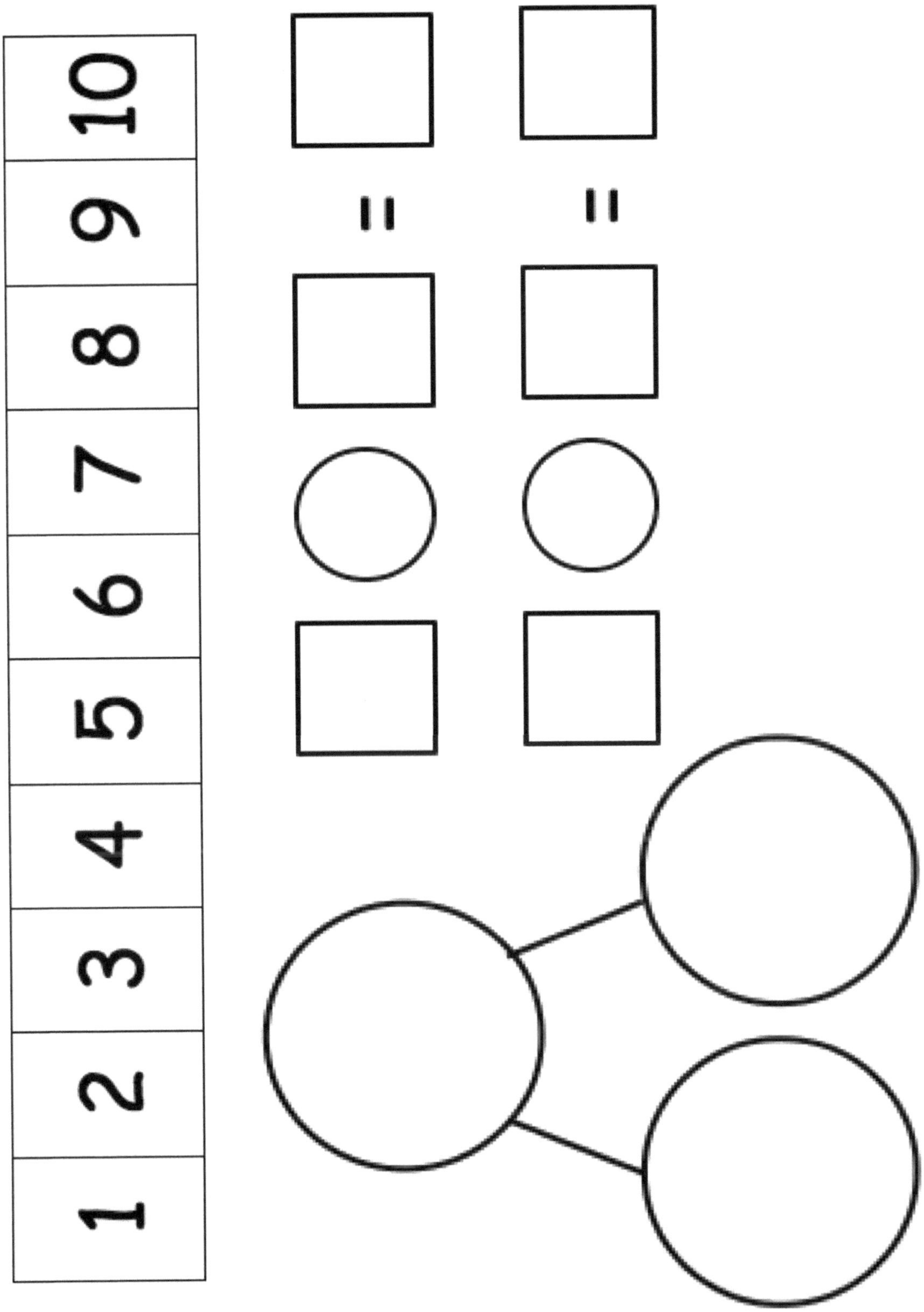

ՄԻԱՎՈՐՆԵՐԻ ՊԱՏՄՈՒԹՅՈՒՆ

Դաս 26 Ճանանմուշ 1•1

| 1 | 2 | 3 | 4 | 5 | 6 | 7 | 8 | 9 | 10 |

թվերի շարք

Դաս 26.  Շարունակե՛ք հաշվել օգտագործելով թվերի շարքը, որ գտնեք անհայտը:

183

## Կարդացե՛ք

Մարկուսն ունի 9 ելակ: Դրանցից վեցը փոքր են, մյուսները՝ մեծ: Քանի՞ ելակ է մեծ:

Լրացրե՛ք ձևանմուշը: Շրջանակի մեջ վերցրե՛ք խորհրդավոր կամ անհայտ թիվը թվային արտահայտության մեջ և գրեք պնդում՝ հարցին պատասխանելու համար:

## Նկարե՛ք

| | | | | | | | | | |
|---|---|---|---|---|---|---|---|---|---|
| 1 | 2 | 3 | 4 | 5 | 6 | 7 | 8 | 9 | 10 |

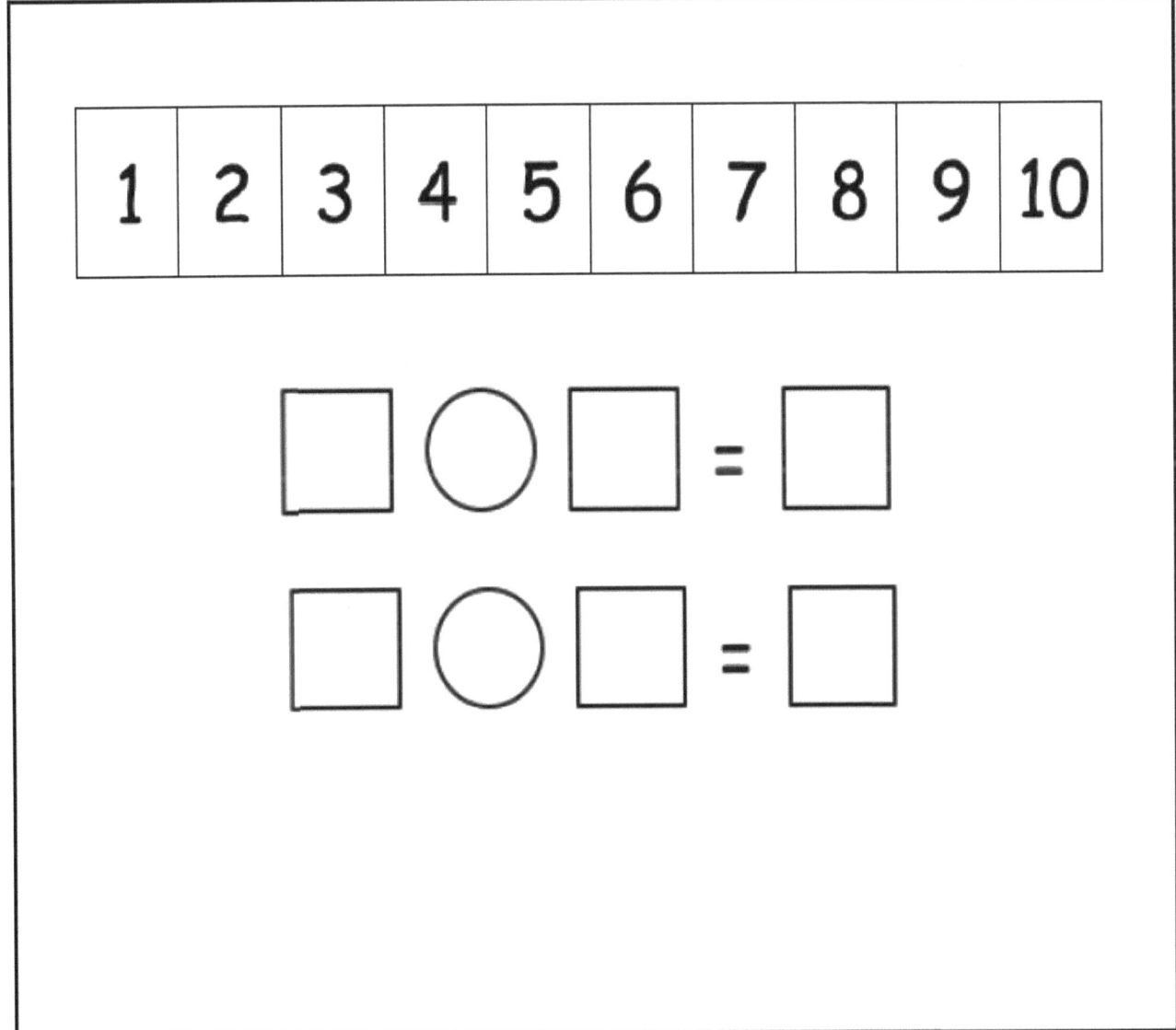

ՄԻԱՎՈՐՆԵՐԻ ՊԱՏՄՈՒԹՅՈՒՆ

Դաս 27 Գործնական խնդիր 1•1

**Գրե՛ք**

_____

_____

_____

Դաս 27. Շարունակե՛ք հաշվել օգտագործելով թվերի շարքը, որ գտնեք անհայտը:

Անուն _____ Ամսաթիվ _____

| 1 | 2 | 3 | 4 | 5 | 6 | 7 | 8 | 9 | 10 |

Նորից գրե՛ք հանման թվային արտահայտությունը և գումարման թվային արտահայտությունը :

Տեղադրեք ☐ անհայտի շուրջ: Օգտագործե՛ք թվերի շարք, եթե ցանկանում եք:

1. 4 – 3 = ☐         _____ + _____ = _____

2. 6 – 2 = ☐         _____ + _____ = _____

3. 7 – 3 = ☐         _____ + _____ = _____

4. 9 – 6 = ☐         _____

5. 10 – 2 = ☐        _____

Օգտագործե՛ք թվերի շարքը՝ շարունակելով հաշվել:

6. 8 – 4 = _____     4 + _____ = 8

7. 9 – 5 = _____     5 + _____ = 9

ՄԻԱՎՈՐՆԵՐԻ ՊԱՏՄՈՒԹՅՈՒՆ    Դաս 27 Խնդիրներ    1•1

| 1 | 2 | 3 | 4 | 5 | 6 | 7 | 8 | 9 | 10 |

Հետ եկեք թվերի շարք՝ հետհաշվարկի համար։

8. $10 - 1 =$ _____

9. $9 - 2 =$ _____

10. Ընտրե՛ք խնդրի լուծման լավագույն ճանապարհը։ Ընտրե՛ք վանդակը։

Հաշվեք   Հետ հաշվե՛ք

a. $10 - 9 =$ \_\_\_\_    ☐    ☐

b. $9 - 1 =$ \_\_\_\_    ☐    ☐

c. $8 - 5 =$ \_\_\_\_    ☐    ☐

d. $8 - 6 =$ \_\_\_\_    ☐    ☐

e. $7 - 4 =$ \_\_\_\_    ☐    ☐

f. $6 - 3 =$ \_\_\_\_    ☐    ☐

ՄԻԿՎՈՐՆԵՐԻ ՊԱՏՄՈՒԹՅՈՒՆ   Դաս 27 Գնահատման թերթիկ   1•1

Անուն _____  Ամսաթիվ _____

Լուծելու համար՝ 7 – 6, Բենը կարծում է դուք պետք է հետ հաշվեք, իսկ Փեթը կարծում է՝ դուք պետք է շարունակեք հաշվել: Ո՞րն է տվյալ արտահայտությունը լուծելու լավագույն եղանակը: Կազմեք պարզ մաթեմատիկական գծագիր՝ ցույց տալու համար՝ ինչու:

$$7 - 6 = \underline{\qquad}$$

Դաս 27.  Շարունակե՛ք հաշվել օգտագործելով թվերի շարքը, որ գտնեք անհայտը:

ՄԻԱՎՈՐՆԵՐԻ ՊԱՏՄՈՒԹՅՈՒՆ Դաս 28 Գործնական խնդիր 1•1

## Կարդացե՛ք

Ութ բադիկ լողում էին լճում: Չորս բադիկ թռան հեռացան: Քանի՞ բադիկ են դեռ լողում լճում:

Գրե՛ք թվային զույգ, թվային արտահայտություն և պնդում: Գծեք թվային ճանապարհ՝ ապացուցելու Ձեր պատասխանը:

## Նկարե՛ք

Դաս 28. Լուծե՛ք *անհայտ արդյունքով* հանման խնդիրներ՝ կատարելով մաթեմատիկական գծանկարներ, գրելով ճիշտ թվային արտահայտություններ և պնդումներ, օգտագործելով հորիզոնական նշումներ՝ ջնջելու համար այն, ինչ հանվել է:

## Գրե՛ք

Դաս 28. Լուծե՛ք *անհայտ արդյունքով* հանման խնդիրներ՝ կատարելով մաթեմատիկական գծանկարներ, գրելով ճիշտ թվային արտահայտություններ և պնդումներ, օգտագործելով հորիզոնական նշումներ՝ ջնջելու համար այն, ինչ հանվել է:

EUREKA MATH

Անուն ______________________________ Ամսաթիվ ______________

Կարդացե՛ք պատմությունը: Գծե՛ք հորիզոնական գիծ այն բաների վերաբերյալ, որոնք հեռանում են պատմությունից: Այնուհետև, լրացրեք թվային զույգը, արտահայտությունը և պնդումը:

Օրինակ: 3 - 2 = 1

1. Այգում թռնում էր 5 խաղալիք օդանավ:
   Մեկն ընկավ և կոտրվեց:
   Քանի՞ օդանավ է դեռ թռնում:

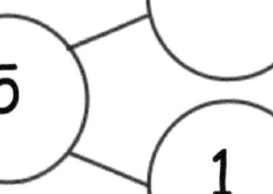

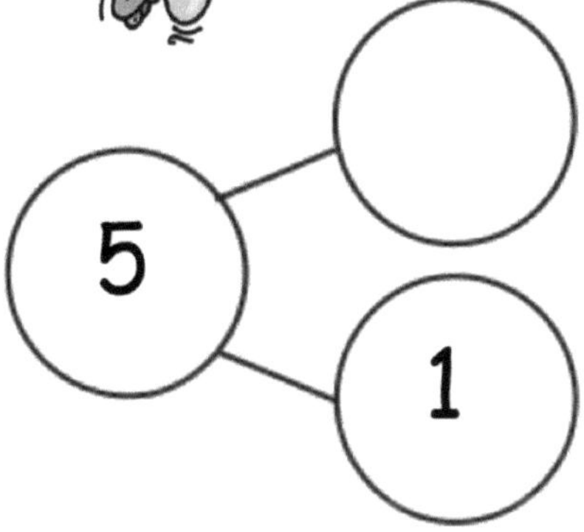

5 - 1 = ______

Կա ________ օդանավ, որ դեռ թռնում է:

2. Ես գնեցի 6 ձու խանութից:
   Երեքը ջարդված էին:
   Քանի՞ ձու ունեի, որ ջարդված չէր:

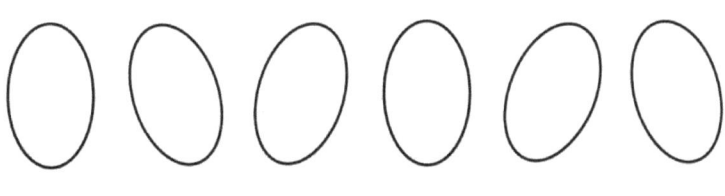

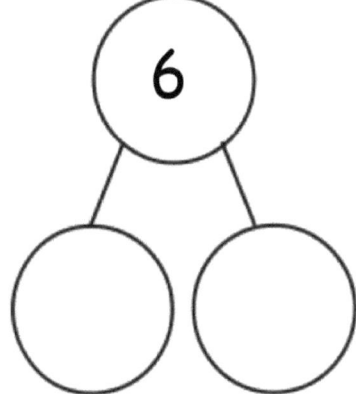

6 - ____ = ______

________ ձու ջարդված չէր:

Գծեք թվային զույգ և թվային գծագիր, որը օգնի լուծմանը:

3. Քեյթը տեսավ 8 կատու, որ խաղում էին խոտի վրա:
Նրանք հեռացան մուկ բռնելու:
Քանի՞ կատու մնաց խոտի վրա:

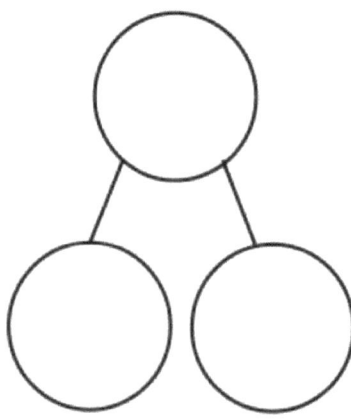

_______ - _______ = _______

________ կատու մնաց խոտի վրա:

4. Կար 7 կտոր մանգո:
Երկուսը կերան:
Քանի՞ կտոր մանգո դեռ մնաց ուտելու:

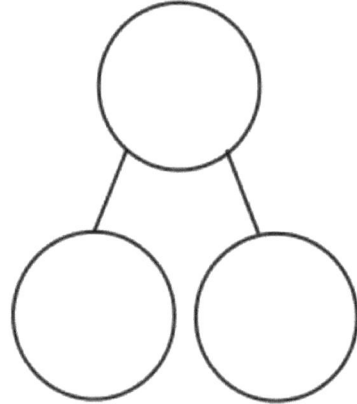

_______ - _______ = _______

Մնացել է _________ կտոր մանգո:

Դաս 28. Լուծե՛ք *անհայտ արդյունքով* հանման խնդիրներ՝ կատարելով մաթեմատիկական գծանկարներ, գրելով ճիշտ թվային արտահայտություններ և պնդումներ, օգտագործելով հորիզոնական նշումներ՝ ջնջելու համար այն, ինչ հանվել է:

EUREKA MATH

ՄԻԱՎՈՐՆԵՐԻ ՊԱՏՄՈՒԹՅՈՒՆ Դաս 28 Գնահատման թերթիկ 1•1

Անուն ______________________________ Ամսաթիվ ______________

Կարդացեք խնդիրը: Մաթեմատիկական գծագիր գծե՛ք՝ լուծման համար:

Այգում թռչում էր 9 օդապարիկ: Երեք օդապարիկի ծառերը պահեցին: Քանի՞ օդապարիկ էր դեռ թռչում:

____ - ____ = ____

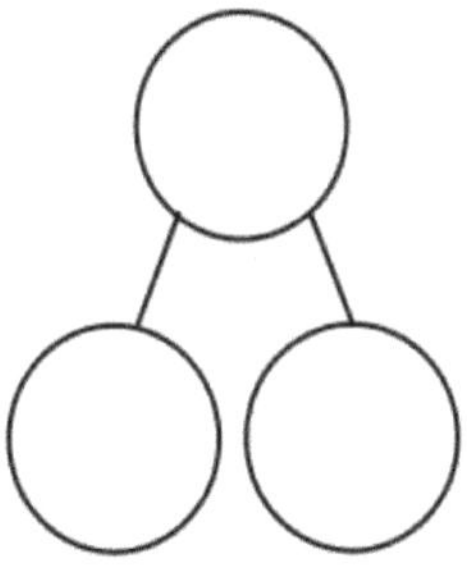

_____ օդապարիկ էր դեռ թռչում:

## Կարդացե՛ք

Լուկասն ունի 9 մատիտ դպրոցի համար: Նա տվեց 4-ն ընկերներին: Քանի՞ մատիտ մնաց Լուկասի մոտ:

Վանդակի մեջ վերցրե՛ք լուծումը Ձեր թվային արտահայտության մեջ և ներառեք պնդում՝ հարցին պատասխանելու համար: Անպայման պարզ պատկերներն ուղիղ գծով նկարեք:

## Նկարե՛ք

ՄԻԱՎՈՐՆԵՐԻ ՊԱՏՄՈՒԹՅՈՒՆ Դաս 29 Գործնական խնդիր 1•1

## Գրե՛ք

198 Դաս 29. Լուծեք *անհայտ գումարելիով* հանումը մաթեմատիկական պատմությամբ՝ գծանկարով, հավասարումներով և պնդումներով՝ շրջանակի մեջ վերցնելով հայտնի մասերը, որպեսզի գտնեք անհայտը:

ՄԻԱՎՈՐՆԵՐԻ ՊԱՏՄՈՒԹՅՈՒՆ                      Դաս 29 Խնդիրներ   1•1

Անուն _____ Ամսաթիվ _____

Լրացրե՛ք պատմությունը և լուծե՛ք։ Պիտակավորե՛ք թվային զույգը։
Գունավորե՛ք բաց թողնված մասը թվային արտահայտության և թվային
զույգի մեջ։

1. Կա _____ խնձոր։

   _____ որդ ունի։ Յա՛խկ։

   Քանի՞ առողջ խնձոր կա։

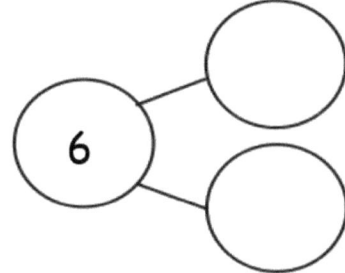

6 - ☐ = ☐

Կա _____ առողջ խնձոր։

2. _____ գիրք կա դարակում։

   _____ գիրք վերևի դարակում է։

   Քանի՞ գիրք կա ներքևի դարակում։

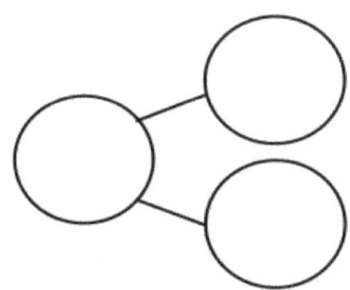

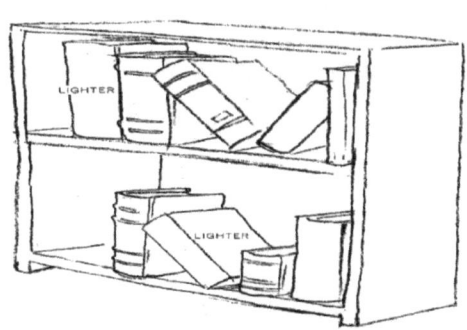

9 - ☐ = ☐

_____ գիրք կա ներքևի դարակում։

ՄԻԱՎՈՐՆԵՐԻ ՊԱՏՄՈՒԹՅՈՒՆ    Դաս 29 Խնդիրներ   1•1

Կիրառե՛ք թվային զույգ և թվային գծագիր մի գծով՝ լուծման համար:

Մաթեմատիկական գծագրի օրինակ և թվային
○○○○|○   $5 - 4 = 1$

3. Լճում կա 8 կենդանի:
   Երկուսը մեծ են: Մնացածը՝ փոքր:
   Քանի՞սն են փոքր:

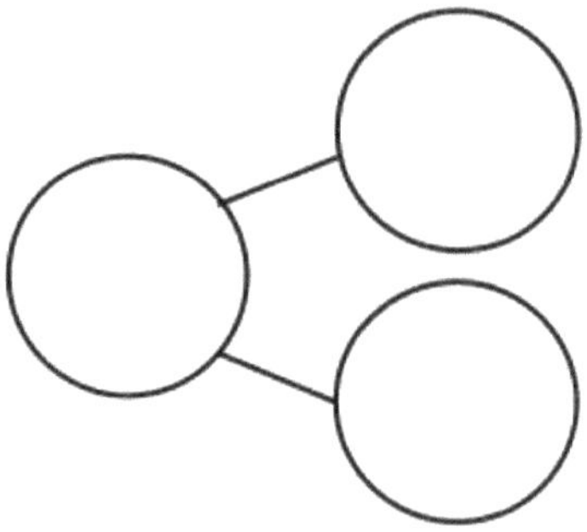

   ☐ - ☐ = ☐

   _____ կենդանի փոքր են:

4. Կա 7 աշակերտ դասարանում:
   _____ աշակերտ աղջիկներ են:
   Քանի՞ աշակերտ է տղա:

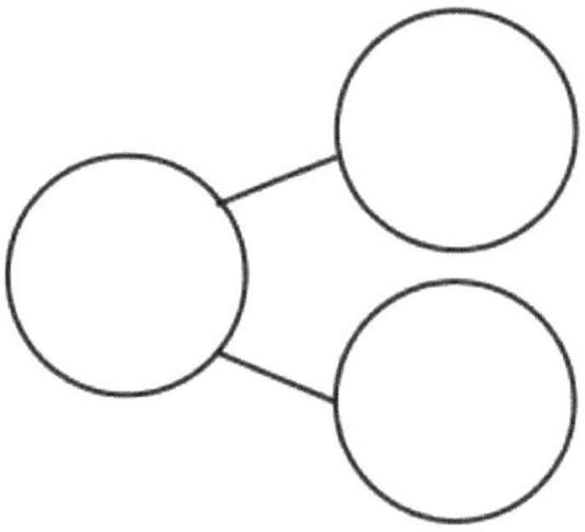

   ☐ - ☐ = ☐

   _____ աշակերտ է տղա:

ՄԻԱՎՈՐՆԵՐԻ ՊԱՏՄՈՒԹՅՈՒՆ      Դաս 29 Գնահատման թերթիկ   1•1

Անուն _____  Ամսաթիվ _____

Կարդացե՛ք պատմությունը: Մաթեմատիկական գծագիր գծե՛ք՝ լուծման համար:

Կա 9 բեյսբոլ խաղացող թիմում: Յոթը փոխարինող են: Քանի՞սը փոխարինող չեն:

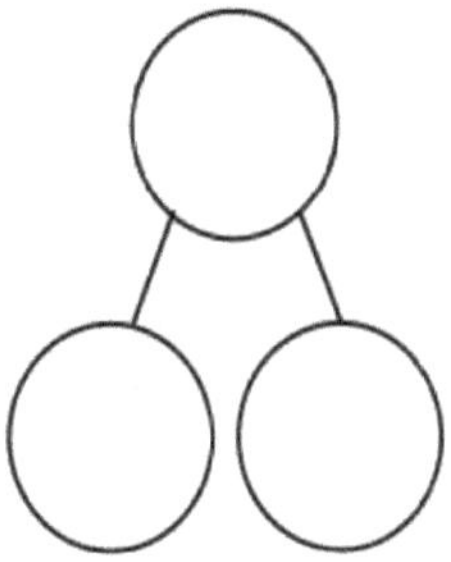

____ - ____ = ____

_____ խաղացողները նստարանին չեն:

Դաս 29. Լուծեք *անհայտ գումարելիով* հանումը մաթեմատիկական պատմությամբ՝ գծանկարով, հավասարումներով և պնդումներով՝ շրջանակի մեջ վերցնելով հայտնի մասերը, որպեսզի գտնեք անհայտը:

## Կարդացե՛ք

Ֆրեդին ունի 10 դերասանի նկար իր գրպանում: Դրանցից հինգը լավ տողաներ են: Քանի՞սն են վատ տողաներ:

Վանդակի մեջ վերցրե՛ք լուծումը Ձեր թվային արտահայտության մեջ և ներառեք պնդում հարցին պատասխանելու համար: Մաթեմատիկական գծագիր գծե՛ք: Շրջանակի մեջ վերցրե՛ք լավ տողաներին՝ ցույց տալու համար, որ վատ տողաների թիվը ճիշտ է:

## Նկարե՛ք

# Գրե՛ք

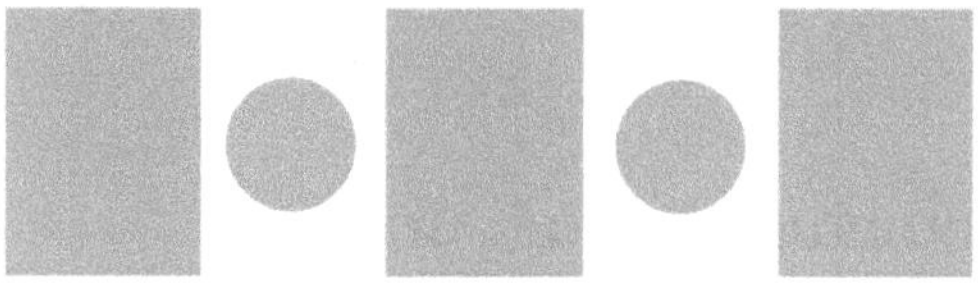

_____

_____

_____

Անուն ______________________________ Ամսաթիվ ______________

Լուծե՛ք մաթեմատիկական պատմությունները: Լրացրե՛ք և պիտակավորե՛ք թվային զույգը և նկարազարդ թվային զույգը: Բաց գույնով ներկե՛ք լուծումը:

1. Ջիլին տվեցին ընդամենը 5 ծաղիկ իր ծննդյան օրը: Նա դրեց 3-ը մեկ ծաղկամանի մեջ, իսկ մնացածը՝ ուրիշ ծաղկամանի մեջ: Քանի՞ ծաղիկ նա դրեց ուրիշ ծաղկամանի մեջ:

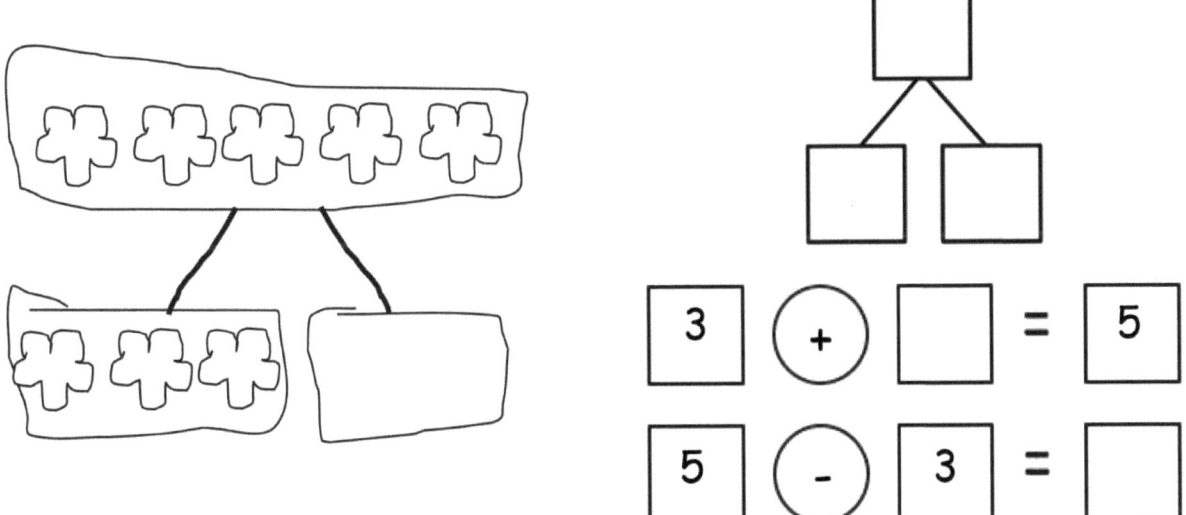

3 + ☐ = 5

5 - 3 = ☐

2. Քեյթը և Նանան խմորեղեն էին պատրաստում: Նրանք պատրաստեցին 5 սրտաձև խմորեղեն և մի քանի քառակուսի խմորեղեն: Ընդամենը նրանք պատրաստեցին 8 խմորեղեն: Քանի՞ քառակուսի խմորեղեն նրանք պատրաստեցին: Նկարե՛ք և լուծե՛ք:

5 + ☐ = 8

8 - 5 = ☐

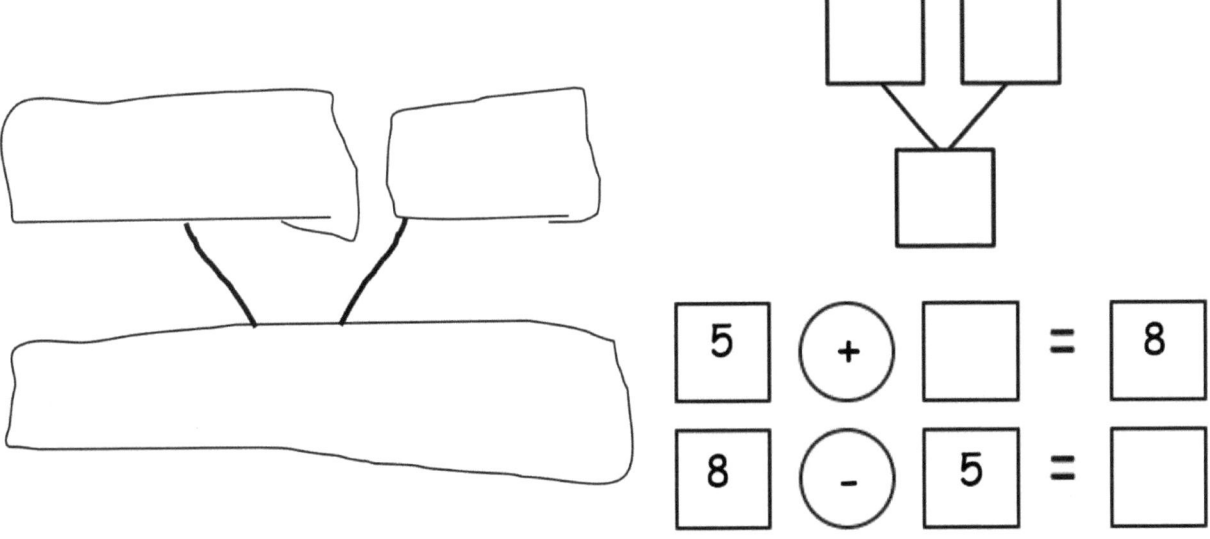

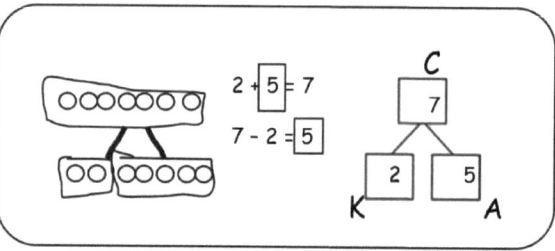

Լուծեք: Լրացրե՛ք և պիտակավորե՛ք թվային զույգը և նկարազարդ թվային զույգը: Շրջանակի մեջ վերցրե՛ք անհայտ թիվը:

3. Բիլն ունի 2 բեռնատար: Նրա ընկերը՝ Ջեյմսը, եկավ մի քանի այլ բեռնատարերով: Միասին նրանք ունեին 6 բեռնատար: Քանի՞ բեռնատար էր բերել Ջեյմսը:

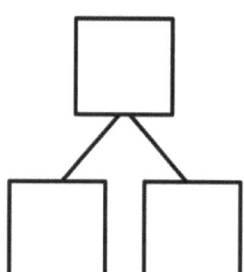

_____ + _____ = 6

6 - _____ = _____

Ջեյմսը բերեց _______ բեռնատար:

---

4. Ջեյնը բռնեց 5 ձուկ՝ նախքան նախաճաշելը: Լանչից հետո նա ևս մի քանի հատ բռնեց: Օրվա վերջում նա ուներ 9 ձուկ: Քանի՞ ձուկ էր նա բռնել լանչից հետո:

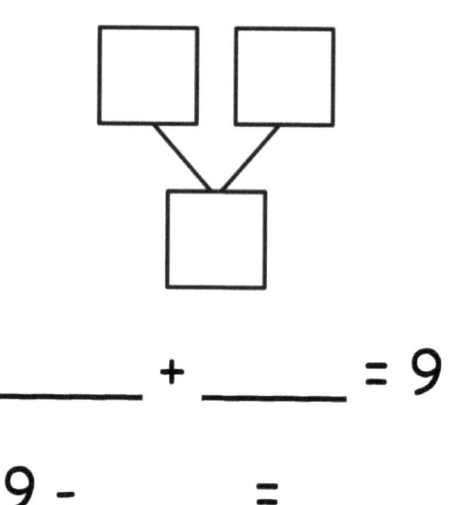

_____ + _____ = 9

9 - _____ = _____

Ջեյնը բռնել էր _______ ձուկ լանչից հետո:

Անուն ______________________________ Ամսաթիվ ______________

Գծե՛ք և պիտակավորե՛ք նկարազարդ թվային զույգը՝ լուծելու համար:

Թոբին հավաքում է խխունջներ: Երկուշաբթի օրը նա գտավ 6 խխունջ: Երեքշաբթի նա ևս մի քանիսը գտավ: Թոբին գտավ ընդհանուր 9 խխունջ: Քանի՞ խխունջ գտավ Թոբին երեքշաբթի օրը:

_____ + _____ = _____

_____ - _____ = _____

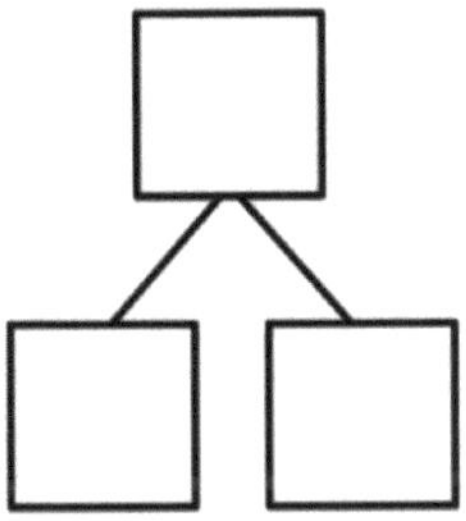

Թոբին գտավ _______ խխունջ երեքշաբթի օրը:

## Կարդացե՛ք

Շանիկան տեսավ 5 աղավնի կտուրին։ Մի քանի աղավնի ևս թռան-եկան կտուր։ Նա հաշվեց 8 աղավնի։ Քանի՞ աղավնի թռան-եկան։

Գրեք թվային զույգ և գումարման և հանման թվային արտահայտություններ՝ պատմությանը համապատասխան։ Վանդակի մեջ վերցրե՛ք լուծումը Ձեր թվային արտահայտությունների մեջ և ներառե՛ք պնդում հարցին պատասխանելու համար։

## Նկարե՛ք

ՄԻԱՎՈՐՆԵՐԻ ՊԱՏՄՈՒԹՅՈՒՆ

Դաս 31 Գործնական խնդիր 1•1

## Գրե՛ք

_____

_____

_____

Դաս 31. Լուծե՛ք անհայտ տարբերությամբ հանման գործողությունը մաթեմատիկական պատմությամբ՝ գծագրերով:

Անուն ______________________________ Ամսաթիվ ______________

Մաթեմատիկական գծագիր գծե՛ք և շրջանակի մեջ վերցրե՛ք այն մասը, ինչ գիտեք: Ձնջեք անհայտ մասը:

Լրացրե՛ք թվային արտահայտությունը և թվային զույգը:

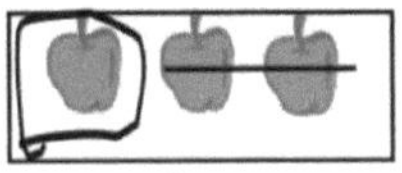

Նմուշ՝ 3 - 1 = 2

1. Քեյթը պատրաստեց 7 խմորեղեն: Բիլը կերավ մի քանիսը: Հիմա Քեյթն ունի 5 խմորեղեն: Քանի՞ խմորեղեն կերավ Բիլը:

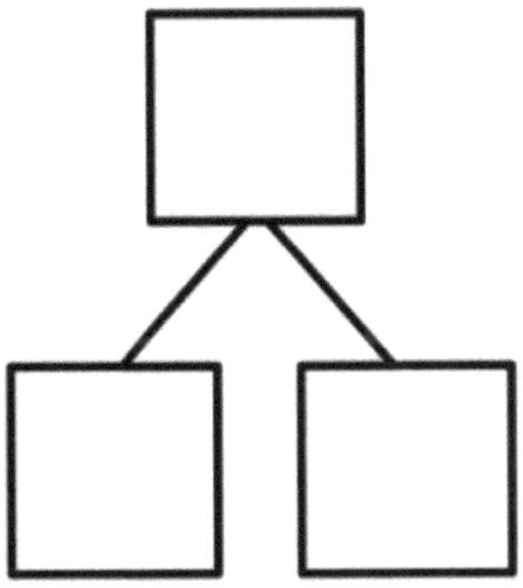

7 - ☐ = ☐

Բիլը կերավ _____ խմորեղեն:

2. Երկուշաբթի օրը Թիմն ուներ 8 մատիտ: Երեքշաբթի նա մի քանիսը կորցրեց: Չորեքշաբթի նա ուներ 4 մատիտ: Քանի՞ մատիտ Թիմը կորցրեց:

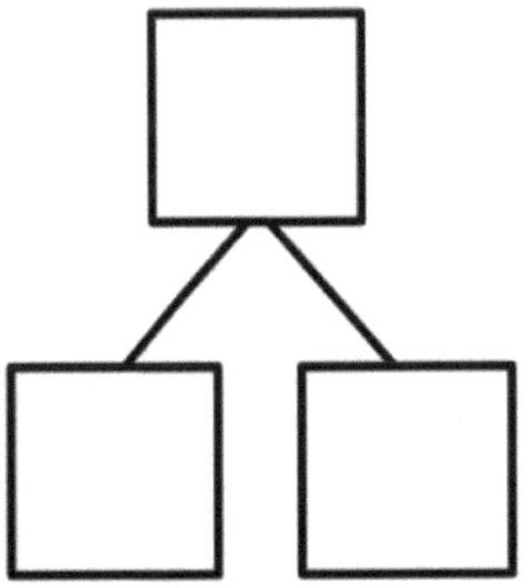

Թիմը կորցրեց _____ մատիտ:

☐ - ☐ = ☐

3. Մի խանութում կար 6 վերնաշապիկ դարակի վրա։ Այժմ կա 2 վերնաշապիկ դարակի վրա։ Քանի՞ վերնաշապիկ է վաճառվել։

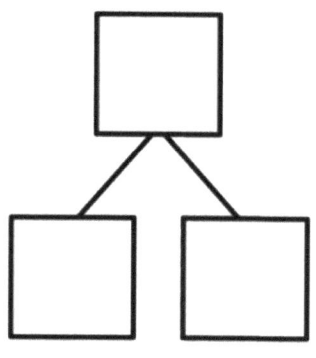

_____ վերնաշապիկ է վաճառվել։

4. Այգում կա 9 երեխա։ Մի քանի երեխա տուն գնացին։ Հինգ երեխա մնաց։ Քանի՞ երեխա տուն գնաց։

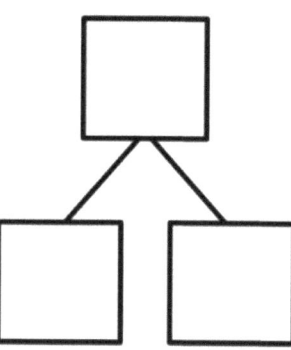

_____ երեխա տուն գնացին։

ՄԻԿՎՈՐՆԵՐԻ ՊԱՏՄՈՒԹՅՈՒՆ　　　　　Դաս 31 Գնահատման թերթիկ　1•1

Անուն _____　Ամսաթիվ _____

Մաթեմատիկական գծագիր գծե՛ք և շրջանակի մեջ վերցրե՛ք այն մասը, ինչ գիտեք։ Ձնջեք անհայտ մասը։ Լրացրե՛ք թվային արտահայտությունը և թվային զույգը։

Դեբը փչեց 9 փուչիկ։ Որոշ փուչիկներ պայթեցին։ Երեքը՝ մնացին։ Քանի՞ փուչիկ պայթեց։

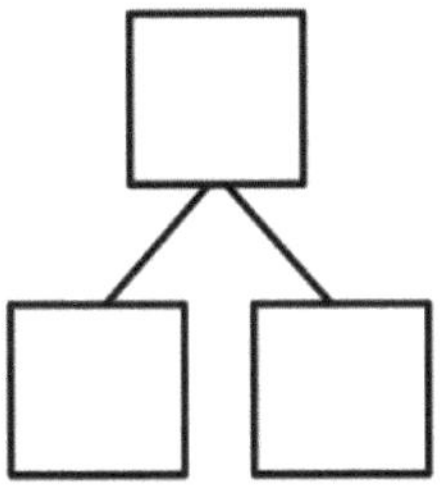

_____ փուչիկ պայթեց։

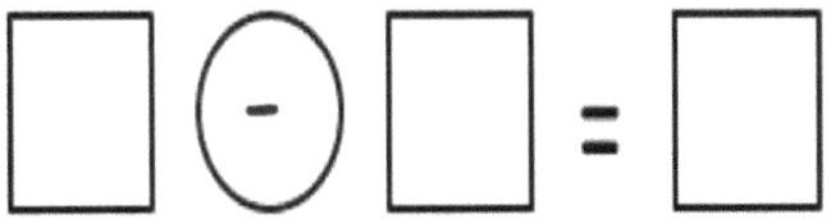

□ ─ □ = □

Դաս 31. Լուծե՛ք անհայտ տարբերությամբ հանման գործողությունը մաթեմատիկական պատմությամբ՝ գծագրերով։

## Կարդացե՛ք

Պահարանի վրա կա 8 տուփ հյութ։ Մի քանի երեխա խմեցին իրենց հյութը։ Հիմա կա 5 տուփ հյութ։ Քանի՞ տուփ հյութ վերցրեցին պահարանից։ Կազմե՛ք թվային զույգ։ Գրե՛ք հանման արտահայտություն և պնդում՝ պատմությանը համապատասխան։ Վանդակ նկարե՛ք լուծման շուրջը թվային արտահայտության մեջ։ Մաթեմատիկական գծագիր գծեք՝ ցույց տալու համար, թե ինչպես գիտեք։

ՄԻԱՎՈՐՆԵՐԻ ՊԱՏՄՈՒԹՅՈՒՆ

Դաս 32 Գործնական խնդիր   1•1

# Նկարե՛ք

# Գրե՛ք

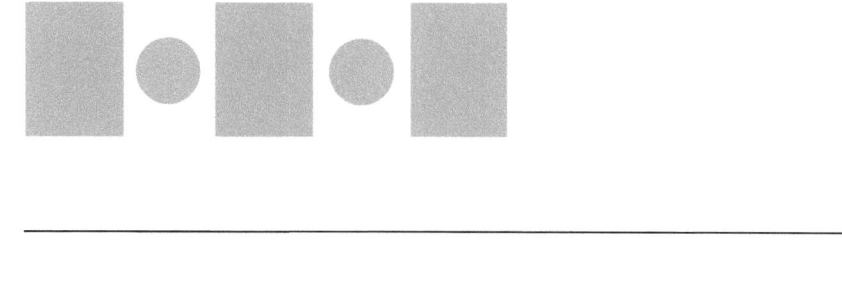

_____

_____

_____

Անուն ________________________ Ամսաթիվ ____________

Լուծեք: Կիրառե՛ք պարզ մաթեմատիկական գծագիր՝ ցույց տալու համար, թե ինչպես լուծել գումարմամբ և հանմամբ: Պիտակավորե՛ք թվային զույգը:

1.

Կա 5 խնձոր:

Չորսը պատկանում են Սեմին:

Մնացածը՝ Ջիմինն են:

Քանի՞ խնձոր Ջիմն ունի:

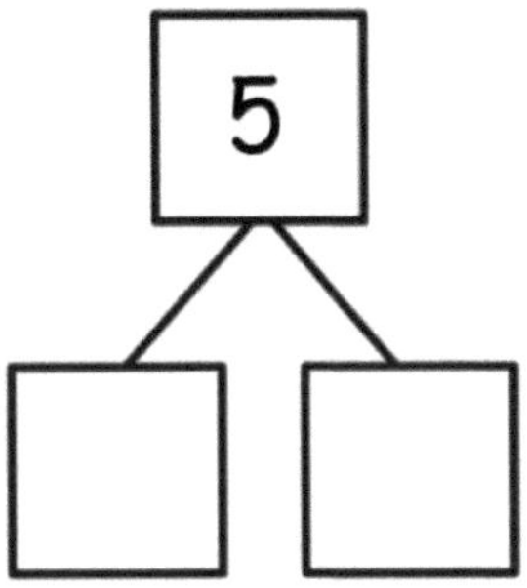

☐ + ☐ = 5

Ջիմն ունի __________ խնձոր:

5 − ☐ = ☐

---

2.

Կա 8 սունկ: Հինգը սև են: Մնացածը՝ սպիտակ:
Քանի՞ սունկ է սպիտակ:

☐ + ☐ = 8

_____ սունկ է սպիտակ:

8 − ☐ = ☐

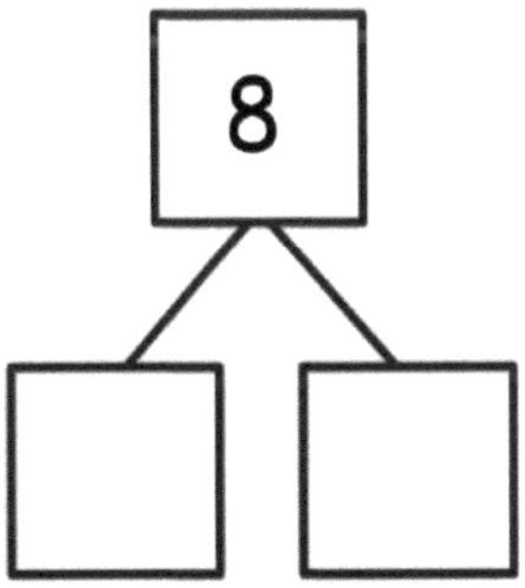

Կիրառե՛ք թվային զույգը՝ թվային արտահայտությունները լրացնելու համար: Կիրառե՛ք պարզ մաթեմատիկական գծագիր՝ մաթեմատիկական պատմություն պատմելու համար:

3.

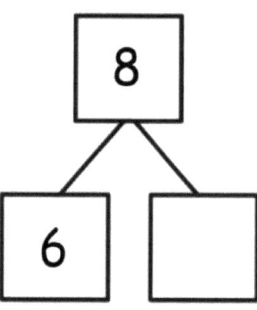

___ + ___ = 8

8 - ___ = ___

---

4.

___ + ___ = ___

___ - ___ = ___

EUREKA MATH

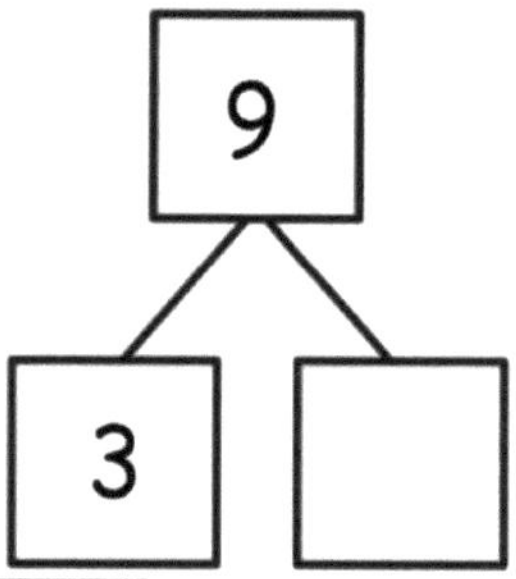

ՄԻԱՎՈՐՆԵՐԻ ՊԱՏՄՈՒԹՅՈՒՆ Դաս 32 Գնահատման թերթիկ 1•1

Անուն ______________________________ Ամսաթիվ ______________

Պատմե՛ք մաթեմատիկական պատմություն: Գծե՛ք մաթեմատիկական գծապատկեր և լուծեք այն:

Գլենն ունի 9 գրիչ: Հինգը սև են: Մնացածը՝ կապույտ: Քանի՞ գրիչ է կապույտ:

_____ գրիչները կապույտ են:

_____ - _____ = _____ _____ + _____ = _____

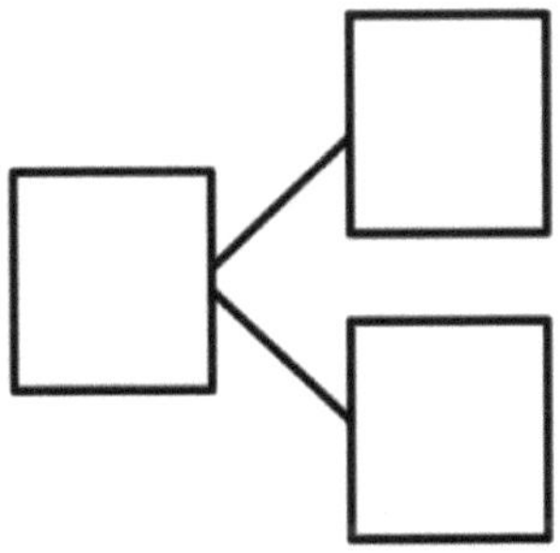

Դաս 32. Լուծե՛ք գումարման/հանման գործողություններ՝ անհայտ գումարելիով մաթեմատիկական պատմություններով: 219

EUREKA MATH

## Կարդացե՛ք

Ինը երեխա խաղում է դրսում: Մի երեխա ճոճանակի վրա է, իսկ մնացածը բռնոցի են խաղում: Քանի՞ երեխա է բռնոցի խաղում:

Գրե՛ք թվային զույգ և թվային արտահայտություն: Մաթեմատիկական գծագիր գծեք՝ ցույց տալու համար, թե ինչպես գիտեք:

## Նկարե՛ք

# Գրե՛ք

Կա ___ երեխա, որ բռնոցի է խաղում:

ՄԻԱՎՈՐՆԵՐԻ ՊԱՏՄՈՒԹՅՈՒՆ        Դաս 33 Խնդիրներ    1•1

Անուն _____    Ամսաթիվ _____

Ջնջե՛ք, երբ անհրաժեշտ է՝ հանելու համար:

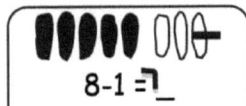

1.  ●●●●○

    6 – 1 = _____

2.  ●●●●● ○

    6 – 0 = _____

Եթե ցանկանում եք՝ 5-ական խմբից բաղկացած գծանկար արեք յուրաքանչյուր խնդրի համար, ինչպես վերևում:
Ցույց տվե՛ք հանումը:

3.

    7 – 1 = _____

4.

    7 – 0 = _____

5.

    10 – 1 = _____

6.

    10 – 0 = _____

7.

    8 – 1 = _____

8.

    8 – 0 = _____

9.

    9 – 1 = _____

10.

    9 – 0 = _____

Ջնջե՛ք, երբ անհրաժեշտ է՝ հանելու համար։

11. 　　12. 　　13.

6 – 1 = _____　　　　8 – 1 = _____　　　　9 – 0 = _____

Հանեք։

14. 7 – 1 = _____　　15. 8 – 0 = _____　　16. 9 – 1 = _____

17. Լրացրեք բաց թողնված թիվը։ Մտապատկերե՛ք 5-ական խմբեր՝ Ձեզ օգնելու համար։

ա.　6 – 0 = _____　　　　բ.　6 – 1 = _____

գ.　7 – _____ = 7　　　　դ.　7 – 1 = _____

ե.　8 – 0 = _____　　　　զ.　8 – _____ = 7

է.　9 – _____ = 9　　　　ը.　9 – 1 = _____

թ.　10 – _____ = 10　　　ժ.　10 – _____ = 9

Անուն ____________________ Ամսաթիվ ____________

Լրացրե՛ք թվային արտահայտությունները: Եթե ցանկանում եք՝ օգտագործեք 5-ական խմբի գծագրերը՝ ցույց տալու համար հանումը:

1. $9 - 1 =$ ____

2. $8 =$ ____ $- 0$

3. $8 =$ ____ $- 1$

4. $10 = 10 -$ ____

Դաս 33. Մոդելավորե՛ք 0-ով պակաս և 1-ով պակաս՝ որպես նկար և որպես հանման թվային արտահայտություններ: 225

## Կարդացե՛ք

Ութսուներեք ուլունք թափվեց հատակին: Աշակերտը վերցրեց 1-ը: Քանի՞ ուլունք է դեռ հատակին:

Գրե՛ք թվային զույգ, թվային արտահայտություն և պնդում՝ Ձեր լուծումը ցույց տալու համար:

**Լրացում.** Եթե երկրորդ երեխան վերցնում է ևս 10 ուլունք, քանի՞ ուլունք է դեռ մնում հատակին: Օգտագործե՛ք թվային զույգեր՝ ցույց տալու համար ինչպես գիտեք:

## Նկարե՛ք

## Գրե՛ք

Անուն ______________________ Ամսաթիվ ______________

Ջնջեք հանելու համար:

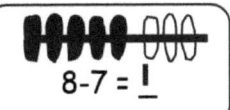

1. 

6 – 6 = ____

2. 

6 – 5 = ____

Հանեք: Կազմե՛ք մաթեմատիկական գծապատկեր, ինչպես վերևում՝ յուրաքանչյուրի համար:

3.

7 – 7 = ____

4.

7 – 6 = ____

5.

10 – 10 = ____

6.

10 – 9 = ____

7.

8 – 8 = ____

8.

8 – 7 = ____

9.

9 – 9 = ____

10.

9 – 8 = ____

Ջնջե՛ք եթե անհրաժեշտ է՝ հանելու համար:

11. 

$6 - 6 =$ ____

12. 

$8 - 8 =$ ____

13. 

$9 - 8 =$ ____

Հանեք: Կազմե՛ք մաթեմատիկական գծապատկեր, ինչպես վերևում՝ յուրաքանչյուրի համար:

14.

$7 - 7 =$ ____

15.

$8 - 7 =$ ____

16.

$9 - 9 =$ ____

17. Լրացրեք բաց թողնված թիվը: Մտապատկերե՛ք 5-ական խմբեր՝ Ձեզ օգնելու համար:

ա. $6 - 6 =$ ____

բ. $6 - 5 =$ ____

գ. $7 -$ ____ $= 0$

դ. $7 - 6 =$ ____

ե. $8 - 8 =$ ____

զ. $8 -$ ____ $= 1$

է. $9 -$ ____ $= 0$

ը. $9 - 8 =$ ____

թ. $10 -$ ____ $= 10$

ժ. $10 -$ ____ $= 1$

EUREKA MATH

Անուն ______________________________ Ամսաթիվ ______________

Եթե ցանկանում եք՝ օգտագործեք 5-ական խմբի գծագրեր՝ ցույց տալու համար հանումը:

1.

9 - ____ = 1

2.

0 = 10 - ____

3.

1 = ____ - 7

4.

0 = ____ - 9

Դաս 34. Մոդել n-n և n- (n-1) նկարով և հանման արտահայտությամբ: 231

## Կարդացե՛ք

Ուսուցիչը 18 ուլունք թափեց հատակին։ Մի աշակերտ հավաքեց 17 ուլունք։ Քանի՞ ուլունք է դեռ մնացել հատակին։

Գրե՛ք թվային զույգ, թվային արտահայտություն և պնդում Ձեր լուծումը ցույց տալու համար։

**Լրացում.** Եթե 17 ուլունք հավաքել են երկու աշակերտ, քանի՞սն է աշակերտներից յուրաքանչյուրը հավաքել։ Կազմե՛ք թվային զույգ՝ ցույց տալու համար Ձեր լուծումը։

ՄԻԱՎՈՐՆԵՐԻ ՊԱՏՄՈՒԹՅՈՒՆ  Դաս 35 Գործնական խնդիր  1•1

# Նկարե՛ք

# Գրե՛ք

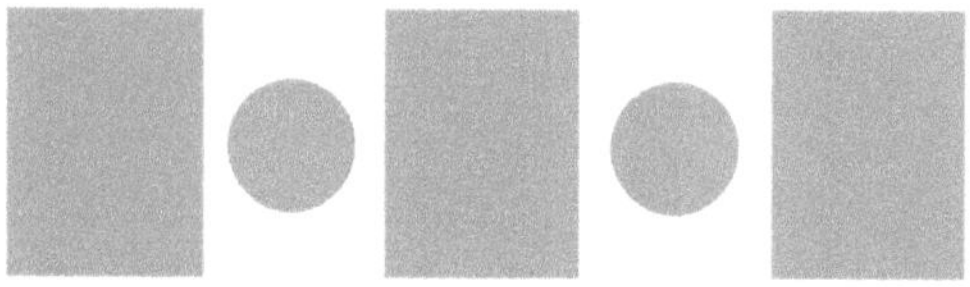

_____

_____

_____

Դաս 35։ Կապակցե՛ք հանման փաստերը՝ ներառելով հինգեր և նույն թվի զույգ թվեր համապատասխան կազմալուծումներով։

Անուն ______________________ Ամսաթիվ ____________

Լուծեք թվային արտահայտությունները: Փնտրե՛ք հեշտ խմբեր՝ ջնջելու համար:

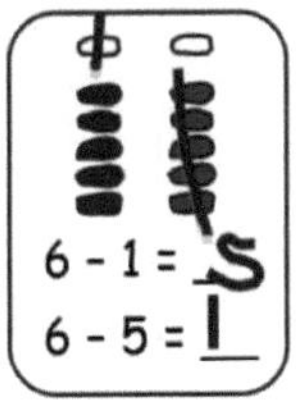

1.

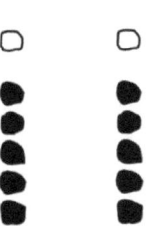

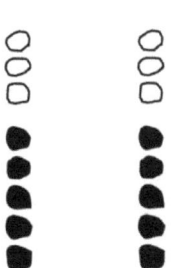

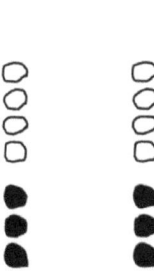

$6 - 5 =$ ___

$6 - 1 =$ ___

2.

$8 - 3 =$ ___

$8 - 5 =$ ___

3.

$9 - 4 =$ ___

$9 - 5 =$ ___

Հանեք: Կազմե՛ք մաթեմատիկական գծապատկեր յուրաքանչյուր խնդրի համար՝ ինչպես վերևում: Գրե՛ք թվային զույգ:

4.

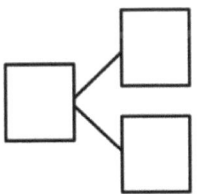

$7 - 5 =$ ___

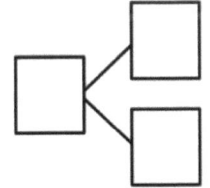

$7 - 2 =$ ___

5.

$10 - 5 =$ ___

ՄԻԱՎՈՐՆԵՐԻ ՊԱՏՄՈՒԹՅՈՒՆ     Դաս 35 Խնդիրներ     1•1

6. Լուծեք: Մտապատկերե՛ք 5-ական խմբեր՝ Ձեզ օգնելու համար:

ա. 7 – 5 = ___     բ. 7 – ___ = 5     գ. 8 – 3 = ___

դ. 9 – ___ = 4     ե. 9 – ___ = 5     զ. 8 – ___ = 3

Լրացրե՛ք թվային զույգը և արտահայտությունը՝ յուրաքանչյուր խնդրի համար:

7. 4 – 2 = ___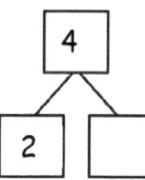

8. 6 – 3 = ___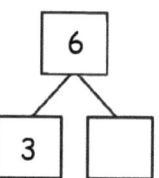

9. 10 – 5 = ___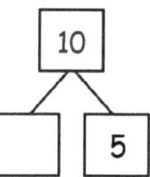

10. 8 – 4 = ___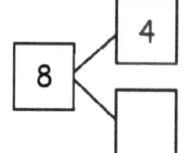

11. 8 – 4 = ___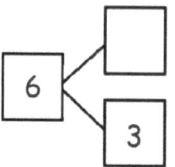

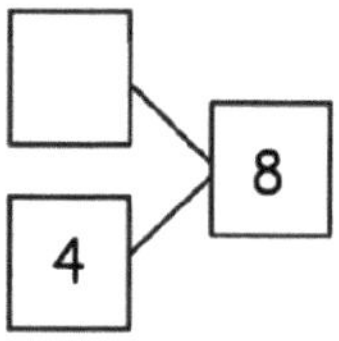

12. 6 – 3 = ___

13. Լրացրե՛ք ստորև թվային արտահայտությունները: Շրջանակի մեջ վերցրե՛ք ռազմավարությունը, որը կարող է օգնել:

| | | 5-ական խմբեր | Նույն թվերի զույգեր |
|---|---|---|---|
| ա. | 7 – 5 = ___ |  | 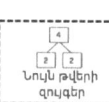 |
| բ. | 7 – 2 = ___ |  | 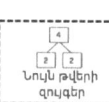 |
| գ. | 8 – 4 = ___ |  | 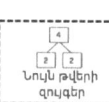 |
| դ. | 8 – 3 = ___ |  | 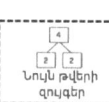 |
| ե. | 8 – 5 = ___ |  | 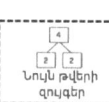 |
| զ. | 10 – 5 = ___ |  | 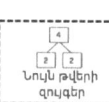 |

Դաս 35.  Կապակցե՛ք հանման փաստերը՝ ներառելով հինգեր և նույն թվի զույգ թվեր համապատասխան կազմալուծումներով:

Անուն ______________________________ Ամսաթիվ ______________

Լուծեք թվային արտահայտությունները: Կազմե՛ք թվային զույգ:

Նկարե՛ք նկարը և գրեք պնդում այն ռազմավարության մասին, որը Ձեզ օգնել է:

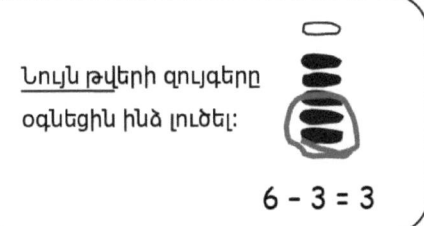

Նույն թվերի զույգերը օգնեցին ինձ լուծել:

$6 - 3 = 3$

1. ___ $- 5 = 5$  2. $8 -$ ___ $= 4$  3. $9 -$ ___ $= 4$

## Կարդացե՛ք

Հատակին կա 10 ուլունք։ Կան կարմիր և սպիտակ ուլունքներ։ Մի աշակերտ հավաքեց սպիտակները։ Քանի՞ ուլունք է դեռ հատակին։

Գրե՛ք թվային զույգ, թվային արտահայտություն և պնդում Ձեր լուծումը ցույց տալու համար։ Մաթեմատիկական գծագիր գծեք՝ ցույց տալու համար, թե ինչպես գիտեք։

## Նկարե՛ք

ՄԻԱՎՈՐՆԵՐԻ ՊԱՏՄՈՒԹՅՈՒՆ  Դաս 36 Գործնական խնդիր  1•1

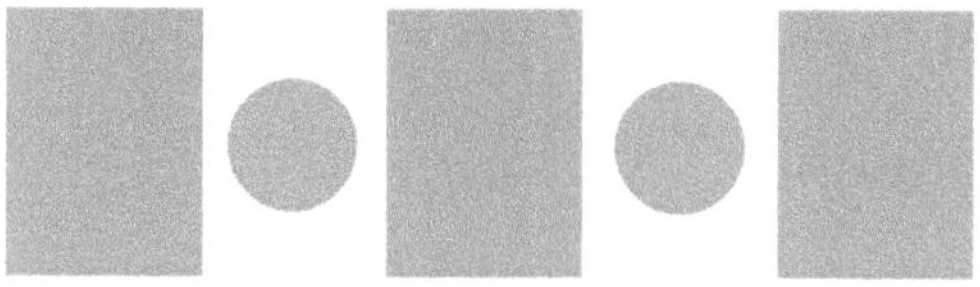

# Գրե՛ք

_____

_____

_____

Դաս 36.   Հարաբերե՛ք հանումը 10-ից հապատասխան կազմալուծումներով։

Անուն ______________________________ Ամսաթիվ ________________

Լուծե՛ք խնդիրները: Ձնջե՛ք 5-ական խմբերը:
Օգտագործե՛ք առաջին թվային արտահայտությունը, որը կօգնի հաջորդի լուծանը:

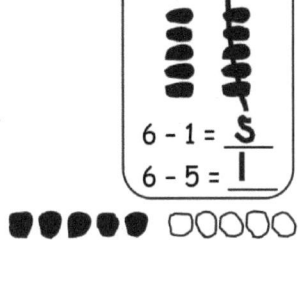

1.

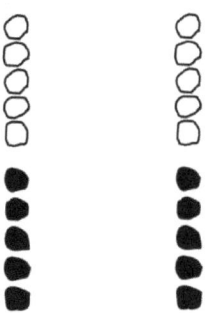

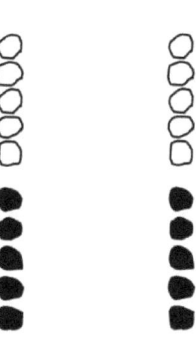

$10 - 9 =$ ___

$10 - 1 =$ ___

2.

$10 - 6 =$ ___

$10 - 4 =$ ___

3.

$10 - 3 =$ ___

$10 - 7 =$ ___

Գծե՛ք մաթեմատիկական գծապատկեր և լուծեք այն:

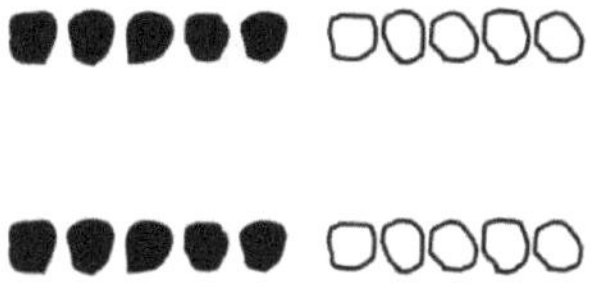

4.

$10 - 4 =$ ___

$10 - 6 =$ ___

5.

$10 - 5 =$ ___

6.

$10 - 8 =$ ___

$10 - 2 =$ ___

Հանեք: Հետո գրեք կապակցված հանման արտահայտությունը:
Գծե՛ք մաթեմատիկական գծապատկեր, եթե անհրաժեշտ է, և լրացրեք թվային զույգը յուրաքանչյուրի համար:

7.

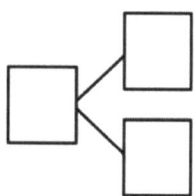

10 – 8 = ___

______________________

8.

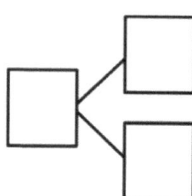

10 – 9 = ___

______________________

9.

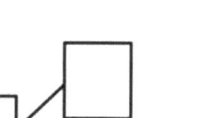

10 – 3 = ___

______________________

10.

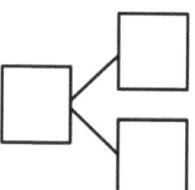

10 – 6 = ___

______________________

11. Լրացրե՛ք բաց թողնված մասը: Գրե՛ք 2 համապատասխան հանման արտահայտությունները:

ա.

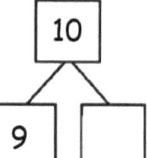

______________________

______________________

բ.

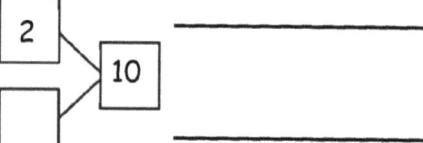

______________________

______________________

գ.

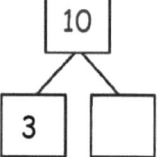

______________________

______________________

դ.

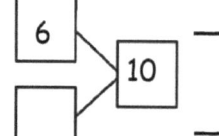

______________________

______________________

ե.

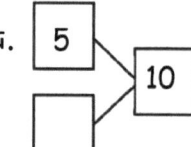

______________________

______________________

EUREKA MATH

ՄԻԱՎՈՐՆԵՐԻ ՊԱՏՄՈՒԹՅՈՒՆ

Դաս 36 Գնահատման թերթիկ  1•1

Անուն _____  Ամսաթիվ _____

Լրացրե՛ք բաց թողնված մասը։ Նկարե՛ք մաթեմատիկական նկար, եթե անհրաժեշտ է։ Գրե՛ք 2 համապատասխան հանման արտահայտությունները։

1. 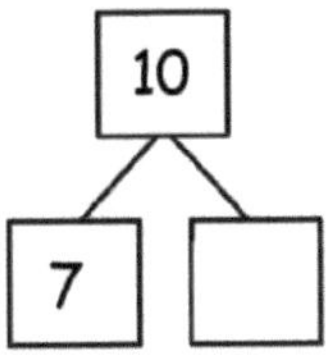   [10]
      / \
    [7] [ ]

2.   [10]
      / \
    [2] 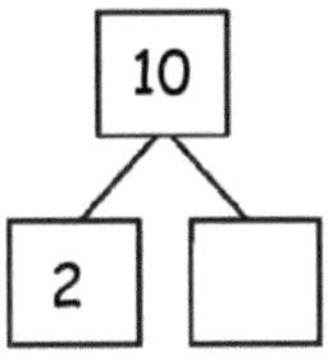 [ ]

3. 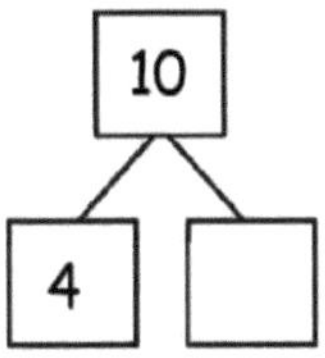   [10]
      / \
    [4] [ ]

Դաս 36.  Հարաբերե՛ք հանումը 10-ից հապատասխան կազմալուծումներով։  243

ՄԻԱՎՈՐՆԵՐԻ ՊԱՏՄՈՒԹՅՈՒՆ                              Դաս 37 Գործնական խնդիր    1•1

## Կարդացե՛ք

Հատակին կա 10 ուլունք: Մի աշակերտ հավաքեց ուլունքներից մի քանիսը, բայց մի քանիսը թողեց հատակին: Գրե՛ք թվային զույգ և թվային արտահայտություն՝ պատմությանը համապատասխան:

**Լրացում.** Ի՞նչ այլ թվային զույգեր և թվային արտահայտություններ են համապատասխանում այս պատմությանը: Փորձե՛ք թվարկել հավանականությունները:

## Նկարե՛ք

# Գրե՛ք

---
---
---

Դաս 37. Կապակցեք 9-ից հանումը համապատասխան կազմալուծումներով։

ՄԻԱՎՈՐՆԵՐԻ ՊԱՏՄՈՒԹՅՈՒՆ                     Դաս 37 Խնդիրներ   1•1

Անուն _____   Ամսաթիվ _____

Լուծե՛ք խնդիրները։ Ջնջե՛ք 5 խմբերը։ Գրե՛ք կապակցված հանման արտահայտությունը, որը կունենա միևնույն թվային զույգը։

1.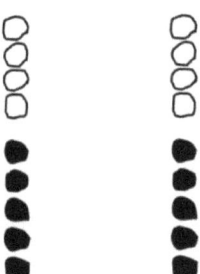

9 − 8 = ___

9 − 1 = ___

2.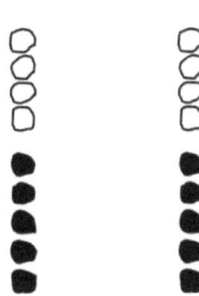

9 − 7 = ___

_____

3.

9 − 9 = ___

_____

Կազմեք 5-ական խմբի գծապատկեր։ Լուծե՛ք և գրե՛ք կապակցված հանման արտահայտություն, որը կունենա միևնույն թվային զույգը։ Ջնջե՛ք ցույց տալու համար։

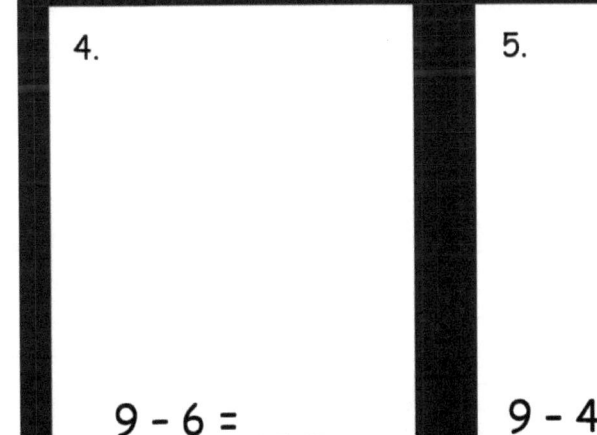

4. 9 − 6 = ___

_____

5. 9 − 4 = ___

_____

6. 9 − 3 = ___

_____

Դաս 37.   Կապակցեք 9-ից հանումը համապատասխան կազմալուծումներով։

Հանեք: Հետո գրեք կապակցված հանման արտահայտությունը:

Գծե՛ք մաթեմատիկական գծապատկեր, եթե անհրաժեշտ է, և լրացրեք թվային զույգը:

7.

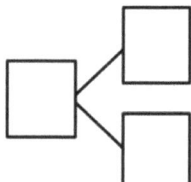

$9 - 5 =$ ___

______________________

8.

$9 - 8 =$ ___

______________________

9.

$9 - 7 =$ ___

______________________

10.

$9 - 3 =$ ___

______________________

11. Լրացրե՛ք բաց թողնված մասը: Գրե՛ք 2 համապատասխան հանման արտահայտությունները:

ա.

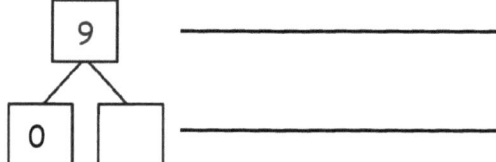

______________________

______________________

բ.

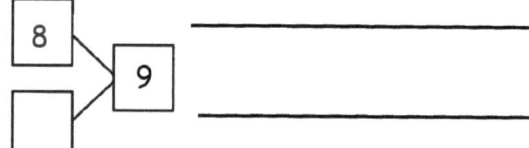

8

______________________

______________________

գ.

______________________

______________________

դ.

______________________

______________________

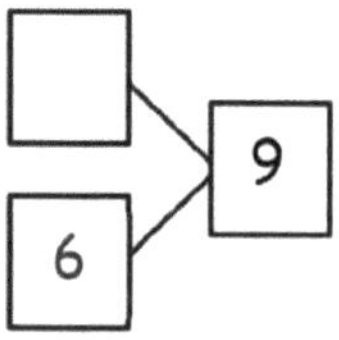

ե.

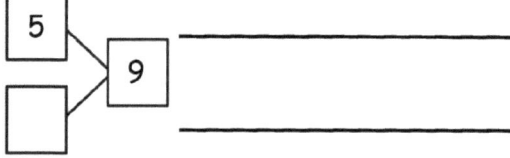

______________________

______________________

ՄԻԱՎՈՐՆԵՐԻ ՊԱՏՄՈՒԹՅՈՒՆ  Դաս 37 Գնահատման թերթիկ  1•1

Անուն _____  Ամսաթիվ _____

Լրացրե՛ք բաց թողնված մասը: Նկարե՛ք մաթեմատիկական նկար, եթե անհրաժեշտ է: Գրե՛ք 2 համապատասխան հանման արտահայտությունները:

1. 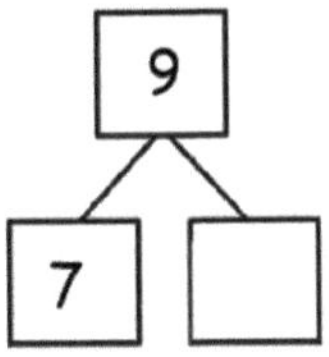  [9]
   [7] [ ]

   _____

   _____

2. 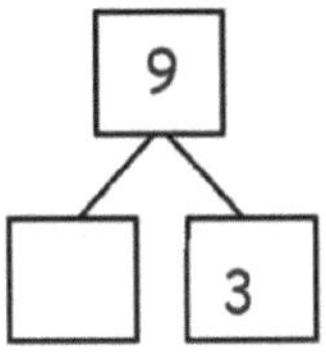  [9]
   [ ] [3]

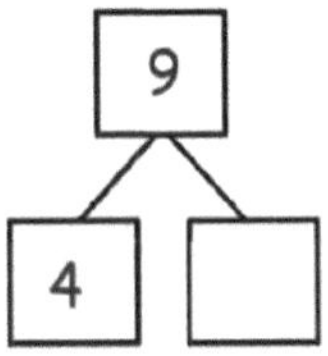

   _____

   _____

3.  [9]
   [4] [ ]

   _____

   _____

Դաս 37. Կապակցեք 9-ից հանումը համապատասխան կազմալուծումներով:

## Կարդացե՛ք

Ջեսին և Կարլը համեմատում էին իրենց հավաքած ուլունքները: Ջեսին հավաքեց 9 ուլունք: Դրանցից 5-ը կարմիր էին, մնացածը՝ սպիտակ: Կարլը հավաքեց 5 կարմիր և 4 սպիտակ ուլունք: Կարլն ասում է, որ իրենք ունեն նույն քանակությամբ սպիտակ ուլունքներ: Կարլը ճի՞շտ է:

Նկարե՛ք և նշեք ձեր աշխատանքը՝ Ձեր մտածելակերպը ցույց տալու համար:

## Նկարե՛ք

# Գրե՛ք

_____

_____

_____

Անուն _____ Ամսաթիվ _____

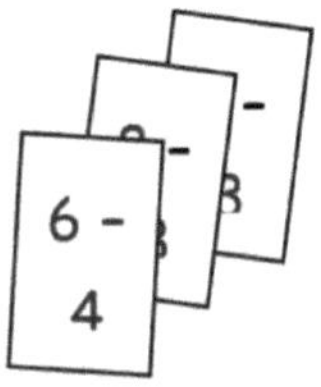

Ընտրեք հանման քարտ:

Գտեք աղյուսակի վրա փոխկապակցված հավելյալ փաստը և գունավորեք այն:

Գրեք հանման արտահայտություն և թվային կապ՝ համապատասխանեցնելու

Շարունակեք առնվազն 6 շրջադարձով:

| | | | | | | | | | |
|---|---|---|---|---|---|---|---|---|---|
| 1+9 | | | | | | | | | |
| 1+8 | 2+8 | | | | | | | | |
| 1+7 | 2+7 | 3+7 | | | | | | | |
| 1+6 | 2+6 | 3+6 | 4+6 | | | | | | |
| 1+5 | 2+5 | 3+5 | 4+5 | 5+5 | | | | | |
| 1+4 | 2+4 | 3+4 | 4+4 | 5+4 | 6+4 | | | | |
| 1+3 | 2+3 | 3+3 | 4+3 | 5+3 | 6+3 | 7+3 | | | |
| 1+2 | 2+2 | 3+2 | 4+2 | 5+2 | 6+2 | 7+2 | 8+2 | | |
| 1+1 | 2+1 | 3+1 | 4+1 | 5+1 | 6+1 | 7+1 | 8+1 | 9+1 | |
| 1+0 | 2+0 | 3+0 | 4+0 | 5+0 | 6+0 | 7+0 | 8+0 | 9+0 | 10+0 |

Դաս 38. Փնտրե՛ք և կիրառե՛ք կրկնվող լոգիկա և կառուցվածք՝ օգտագործելով գումարման աղյուսակը հանման խնդիրների լուծման համար:

Ձեր գումարման աղյուսակում գունավորեք մի քառակուսին նարնջագույն: Գրե՛ք կապակցված հանման գործողությունը դրա թվային զույգի ներքևի մասում: Բոլոր ընդհանուրները ներկեք նարջագույն:

1. ________ - ________ = ________

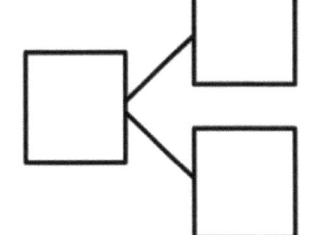

2. ________ - ________ = ________

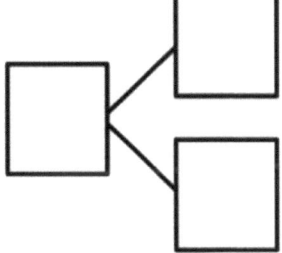

3. ________ - ________ = ________

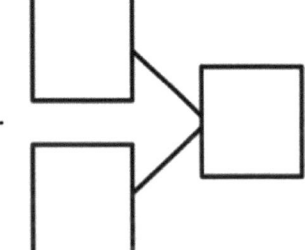

4. ________ = ________ - ________

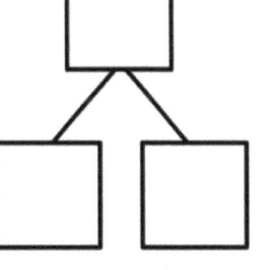

5. ________ = ________ - ________

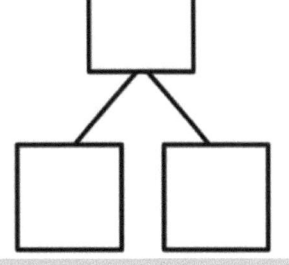

Դաս 38. Փնտրե՛ք և կիրառե՛ք կրկնվող լոգիկա և կառուցվածք՝ օգտագործելով գումարման աղյուսակը հանման խնդիրների լուծման համար:

Անուն ______________________________ Ամսաթիվ ______________

Գրեք կապակցված թվային արտահայտությունները, որոնք համապատասխանում են այս թվային զույգին:

1.

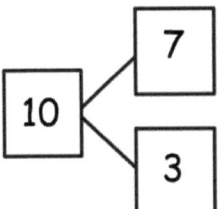

3

____ - ____ = ____

____ + ____ = ____

____ ◯ ____ = ____

____ ◯ ____ = ____

2.

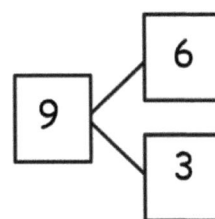

3

____ - ____ = ____

____ + ____ = ____

____ ◯ ____ = ____

____ ◯ ____ = ____

Դաս 38. Փնտրե՛ք և կիրառե՛ք կրկնվող լոգիկա և կառուցվածք՝ օգտագործելով գումարման աղյուսակը հանման խնդիրների լուծման համար: 257

| | | | | | | | | | |
|---|---|---|---|---|---|---|---|---|---|
| 1 + 0 | 1 + 1 | 1 + 2 | 1 + 3 | 1 + 4 | 1 + 5 | 1 + 6 | 1 + 7 | 1 + 8 | 1 + 9 |
| 2 + 0 | 2 + 1 | 2 + 2 | 2 + 3 | 2 + 4 | 2 + 5 | 2 + 6 | 2 + 7 | 2 + 8 | |
| 3 + 0 | 3 + 1 | 3 + 2 | 3 + 3 | 3 + 4 | 3 + 5 | 3 + 6 | 3 + 7 | | |
| 4 + 0 | 4 + 1 | 4 + 2 | 4 + 3 | 4 + 4 | 4 + 5 | 4 + 6 | | | |
| 5 + 0 | 5 + 1 | 5 + 2 | 5 + 3 | 5 + 4 | 5 + 5 | | | | |
| 6 + 0 | 6 + 1 | 6 + 2 | 6 + 3 | 6 + 4 | | | | | |
| 7 + 0 | 7 + 1 | 7 + 2 | 7 + 3 | | | | | | |
| 8 + 0 | 8 + 1 | 8 + 2 | | | | | | | |
| 9 + 0 | 9 + 1 | | | | | | | | |
| 10 + 0 | | | | | | | | | |

գումարման աղյուսակ 21-րդ դասից

EUREKA MATH Դաս 38. Փնտրե՛ք և կիրառե՛ք կրկնվող լոգիկա և կառուցվածք՝ օգտագործելով գումարման աղյուսակը հանման խնդիրների լուծման համար: 259

ՄԻԱՎՈՐՆԵՐԻ ՊԱՏՄՈՒԹՅՈՒՆ  Դաս 39 Գործնական խնդիր  1•1

## Կարդացե՛ք

Ջոնն ունի 10 մատիտ: Մարկն ունի 9 մատիտ: Աննան ունի 8 մատիտ:

Նրանցից յուրաքանչյուրը կորցրեց երկուսը: Նրանցից յուրաքանչյուրը քանի՞ հատ ունի հիմա: Գրեք

թվային արտահայտություն և թվային զույգ յուրաքանչյուր աշակերտի համար:

## Նկարե՛ք

Դաս 39. Վերլուծե՛ք գումարման աղյուսակը, որ կազմեք համապատասխան գումարման և հանման փաստեր:

261

# Գրե՛ք

_____

_____

_____

Անուն ______________________ Ամսաթիվ ______________

Ուսումնասիրե՛ք գումարման աղյուսակը՝ լուծելու և գրելու կապակցված խնդիրներ:

| | | | | | | | | | |
|---|---|---|---|---|---|---|---|---|---|
| 1 + 0 | 1 + 1 | 1 + 2 | 1 + 3 | 1 + 4 | 1 + 5 | 1 + 6 | 1 + 7 | 1 + 8 | 1 + 9 |
| 2 + 0 | 2 + 1 | 2 + 2 | 2 + 3 | 2 + 4 | 2 + 5 | 2 + 6 | 2 + 7 | 2 + 8 | |
| 3 + 0 | 3 + 1 | 3 + 2 | 3 + 3 | 3 + 4 | 3 + 5 | 3 + 6 | 3 + 7 | | |
| 4 + 0 | 4 + 1 | 4 + 2 | 4 + 3 | 4 + 4 | 4 + 5 | 4 + 6 | | | |
| 5 + 0 | 5 + 1 | 5 + 2 | 5 + 3 | 5 + 4 | 5 + 5 | | | | |
| 6 + 0 | 6 + 1 | 6 + 2 | 6 + 3 | 6 + 4 | | | | | |
| 7 + 0 | 7 + 1 | 7 + 2 | 7 + 3 | | | | | | |
| 8 + 0 | 8 + 1 | 8 + 2 | | | | | | | |
| 9 + 0 | 9 + 1 | | | | | | | | |
| 10 + 0 | | | | | | | | | |

Ընտրեք հանման քարտ:

Գտեք աղյուսակի վրա փոխկապակցված հավելյալ փաստը և գունավորեք այն:

Գրեք հանման արտահայտություն և գունավորված գումարման արտահայտություն:

Գրեք այլ փոխկապակցված փաստեր:

Շարունակեք առնվազն 4 շրջադարձով:

Դաս 39. Վերլուծե՛ք գումարման աղյուսակը, որ կազմեք համապատասխան գումարման և հանման փաստեր:

Ընտրե՛ք արտահայտության քարտ և գրե՛ք 4 խնդիր, որոնք ունեն միևնույն մասերը և ընդհանուրը: Ներկե՛ք ընդհանուրները՝ նարնջագույն:

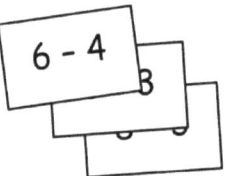

6 - 4 = 2
4 + 2 = 6
2 ⊕ 4 = 6
6 ⊖ 2 = 4

1. ___ - ___ = ___

___ + ___ = ___

___ ◯ ___ = ___

___ ◯ ___ = ___

2. ___ - ___ = ___

___ + ___ = ___

___ ◯ ___ = ___

___ ◯ ___ = ___

3. ___ - ___ = ___

___ + ___ = ___

___ ◯ ___ = ___

___ ◯ ___ = ___

4. ___ - ___ = ___

___ + ___ = ___

___ ◯ ___ = ___

___ ◯ ___ = ___

264 Դաս 39. Վերլուծե՛ք գումարման աղյուսակը, որ կազմեք համապատասխան գումարման և հանման փաստեր: EUREKA MATH

Անուն ______________________ Ամսաթիվ ______________

Գրեք կապակցված թվային արտահայտությունները, որոնք համապատասխանում են այս թվային զույգին:

1.

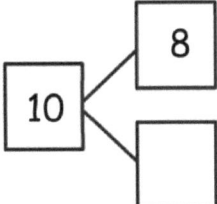

___ - ___ = ___

___ + ___ = ___

___ ◯ ___ = ___

___ ◯ ___ = ___

2.

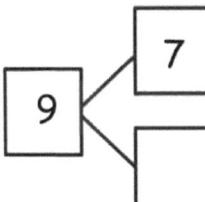

9

___ - ___ = ___

___ + ___ = ___

___ ◯ ___ = ___

___ ◯ ___ = ___

Դաս 39. Վերլուծե՛ք գումարման աղյուսակը, որ կազմեք համապատասխան գումարման և հանման փաստեր: 265

| | | | | | | | | | |
|---|---|---|---|---|---|---|---|---|---|
| 1 + 0 | 1 + 1 | 1 + 2 | 1 + 3 | 1 + 4 | 1 + 5 | 1 + 6 | 1 + 7 | 1 + 8 | 1 + 9 |
| 2 + 0 | 2 + 1 | 2 + 2 | 2 + 3 | 2 + 4 | 2 + 5 | 2 + 6 | 2 + 7 | 2 + 8 | |
| 3 + 0 | 3 + 1 | 3 + 2 | 3 + 3 | 3 + 4 | 3 + 5 | 3 + 6 | 3 + 7 | | |
| 4 + 0 | 4 + 1 | 4 + 2 | 4 + 3 | 4 + 4 | 4 + 5 | 4 + 6 | | | |
| 5 + 0 | 5 + 1 | 5 + 2 | 5 + 3 | 5 + 4 | 5 + 5 | | | | |
| 6 + 0 | 6 + 1 | 6 + 2 | 6 + 3 | 6 + 4 | | | | | |
| 7 + 0 | 7 + 1 | 7 + 2 | 7 + 3 | | | | | | |
| 8 + 0 | 8 + 1 | 8 + 2 | | | | | | | |
| 9 + 0 | 9 + 1 | | | | | | | | |
| 10 + 0 | | | | | | | | | |

գումարման աղյուսակ 21-րդ դասից

Դաս 39. Վերլուծե՛ք գումարման աղյուսակը, որ կազմեք համապատասխան գումարման և հանման փաստեր:

## Credits

Great Minds®-ը ամեն ջանք գործադրել է հեղինակային իրավունքով պաշտպանված բոլոր նյութերի վերատպման թույլտվությունը ստանալու համար: Եթե հեղինակային իրավունքով պաշտպանված սույն նյութում որևէ սեփականատեր չի նշված, խնդրում ենք կապ հաստատել «Great Minds»-ի հետ՝ այս մոդուլի հետագա բոլոր հրատարակությունների և վերատպումների պատշաճ կերպով հաստատման համար:

Printed by Libri Plureos GmbH in Hamburg,
Germany

9 781649 291578